北京道勤创景国际景观规划设计有限公司成立于 2004 年。专业从事环境景观规划设计和实施管理，是一家管理完善、理念新颖、服务全面的专业公司。

公司拥有国家颁发的风景园林专项设计乙级资质。公司拥有美籍华人、日本等国际设计专业人才及中国台湾、大陆专业设计师 60 余人，其中北京公司 30 余人，台北公司 20 余人。

公司以“天道酬勤、温良恭俭”为座右铭，设计理念秉承“自然主义、人本主义、合理主义、设计源于生活、文化融入自然”，并将“高质量，讲经济，重服务”作为公司追求的目标和事业的宗旨。

公司团队具有内在的凝聚力、强烈的责任感和融合的协作精神，以开放、融合、创新的工作态度，为客户提供品牌的设计、品质的服务，力求创造出富有多元价值的环境景观空间。

公司坚持艺术与技术相结合的创新设计手法，尊重客户、尊重项目自然人文环境，力求创意、技术及经济的最优化组合方案。追求每个项目达到生态、低碳、节能、环保，人性舒适、人文创新的目标，创造最富地域价值的设计产品。

滨水/湿地/公园	高端社区/别墅区	酒店/公建	旅游/度假村
山东诸城潍河治理改造	隆基泰和美芦庄园	北京建国饭店	天津蓟县翠屏湖规划
重庆商社嘉年华主题公园	北京远洋天著别墅区	北京凯宾斯基酒店	保定易水湖旅游规划
河北高碑店文化主题公园	秦皇岛远洋湾海一号社区	经济日报社园区	岫岩玉皇古城旅游规划
北京军区联勤部生态湿地	隆基泰和保定万和城社区	河北大学新老校区	北方工业集团高级度假村

北京道勤创景国际景观规划设计有限公司

地址(Add)：北京市朝阳区广渠路3号中水电国际大厦1101-1103

电话(Tel)：010-57795139-808

传真(Fax)：010-57795138-801

邮箱(E-mail)：daoqindesign@126.com

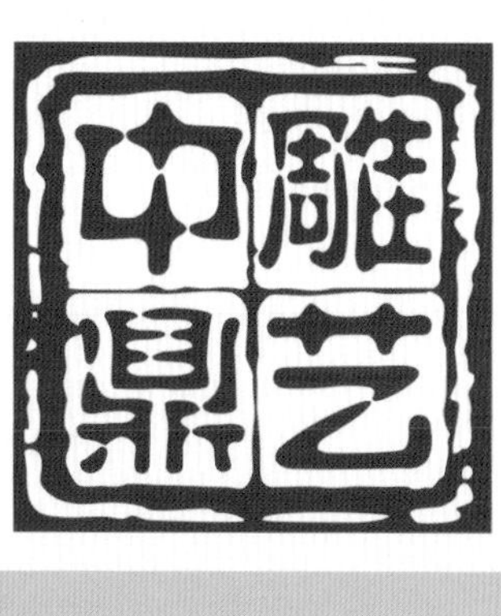

北京中雕鼎艺雕塑景观工程有限公司

北京中雕鼎艺雕塑景观工程有限公司，是一家专注于雕塑设计与制作的企业，是清华大学美术学院和中央美术学院雕塑系实习创作基地。

公司由一批经验丰富的设计人员及技术人员构成。先后成功地承接并完成了国内外100余件雕塑设计和制作：奥运会鸟巢雕塑《祥》、《韵》、《生命之舟》、网球馆雕塑《舞动的2008》、《搏》、自行车馆《勇攀高峰》、青海原子城《聚》雕塑大连小平岛《宝瓶》雕塑江苏常州《21.9米准提观音》、重庆雕塑《畅通重庆》等以及景观公共艺术《上海栈道》，青海原子城《592之路》锈板墙，在该领域内赢得了好评。

公司为中国建设文化艺术协会环境艺术专业委员会理事单位，是中国雕塑行业的领军企业。

上海栈道　设计师：朱育帆

时间　设计：霍守义、孟庆凯、路明、刘强等

中国风景1号　设计：陈文令

牛　设计：霍守义、孟庆凯、路明、刘强等

地点：北京市顺义区高丽营镇水坡村　电话：010-57185787
手机：18600607362　联系人：李经理

中外景观
Chinese & Overseas Landscape

041

图书在版编目（CIP）数据

中外景观：公园与花园 / 中国建筑文化中心编
.—南京：江苏人民出版社, 2012.10
ISBN 978-7-214-08771-3

Ⅰ. ①中… Ⅱ. ①中… Ⅲ. ①景观设计—园林设计—世界—图集 Ⅳ. ①TU986.2-64

中国版本图书馆CIP数据核字(2012)第220218号

中外景观 公园与花园　　中国建筑文化中心 编

责任编辑：蒋卫国
特约编辑：胡中琦
责任监印：彭李君
出版发行：凤凰出版传媒股份有限公司
　　　　　江苏人民出版社
　　　　　天津凤凰空间文化传媒有限公司
销售电话：022-87893668
网　　址：http://www.ifengspace.cn
经　　销：全国新华书店
印　　刷：北京市雅迪彩色印刷有限公司
开　　本：965mm×1270mm 1/16
印　　张：8
字　　数：200千字
版　　次：2012年10月第1版
印　　次：2012年10月第1次印刷
书　　号：ISBN 978-7-214-08771-3
定　　价：45.00元
(本书若有印装质量问题，请向发行公司调换)

声明

1.刊载的文章仅代表作者的观点，并不完全代表编委及编辑部的观点，欢迎读者对刊载内容展开学术评论。
2.编辑部对所发文章、图片享有中文、电子、网络版权。
3.欢迎各设计机构及个人踊跃投稿，本编辑部对来稿保留修改权，请勿一稿多投。

联系方式 Contact Us
地址 北京市海淀区三里河路13号中国建筑文化中心712室（100037）
电话 编辑部（010）88151985/13910120811
　　 发行部（022）87893668
邮箱 landscapemail@126.com
网址 www.worldlandscape.net

合作机构 Co-operator
建筑实录网 www.archrd.com

全国政协副主席张梅颖、中国驻荷兰大使张军、中国花卉协会会长江泽慧、国际园艺生产者协会主席杜克.法博、2012世界园艺博览会执行委员会主席鲍尔.贝克等中外贵宾参观在中国国家展园并合影留念

中外来宾参
中国馆日活

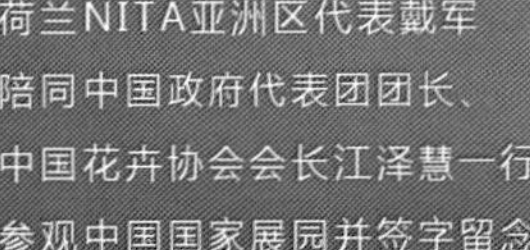

荷兰NITA亚洲区代表戴军陪同中国政府代表团团长、中国花卉协会会长江泽慧一行参观中国国家展园并签字留念

荷兰NITA设计集团副总裁方盛陪同中国政府代表江泽慧、庄国荣参观中国展园

NITA
绿色城市实践者

NITA设计作品：2012荷兰世界园艺博览会 "中国国家展园" 局部实景

Photo - Attraction of China Garden at Floriade 2012 (Designed by NITA)

荷兰NITA设计集团一直关注自然、城市与人的关系。2002年NITA将绿色城市理想带入中国，积极传播并实践绿色理念，建成了以5.28平方公里世博园为代表的系列作品。2012年NITA将绿色城市理想带回荷兰，在代表世界园林园艺最高水准的荷兰园艺博览会中，将一座融合绿色技术的中国式园林展示给世界，并获得了中国国家领导人以及各国政要的赞誉。

NITA Design Group concerns about the relationship between the nature, cities and human beings. 10 years ago, NITA imported Green Idea to China and has completed a series of projects including the Expo Park of 528 hectares at Shanghai Exposition 2010.

This year, NITA brought Green Idea back to Holland presenting a Chinese traditional garden at Floriade 2012 and won acclaim from the authority.

Enjoy Green

www.nitagroup.com

地址/Add：上海市田林路142号G座4楼　电话/Tel：86 21 31278900　客户专线：400 111 0500　Email：info@nitagroup.com

理事单位
Members of the Executive Council

副理事长单位

EADG 泛亚国际
CEO 陈奕仁

海外贝林
首席设计师 何大洪

上海贝伦汉斯
景观建筑设计工程有限公司
总经理 陈佐文

常务理事单位

A&I(安道国际)
首席代表 曹宇英

杭州易之
景观工程设计有限公司
董事长 白友其

杭州神工
景观设计有限公司
总经理 黄吉

澜德斯国际®集团
董事长兼首席设计师 叶范文

荷兰NITA设计集团
亚洲区代表 戴军

SWA Group
中国市场总监 胡颖

深圳禾力美景规划与景观
工程设计有限公司
董事长 袁凌

北京道勤创景规划设计院
总经理 彭世伟、设计总监 陈燕

上海国安园林
景观建设有限公司
总经理助理兼设计部部长 薛明

北京朗棋意景
景观设计有限公司
创始人、总经理 李雪涛

上海亦境建筑
景观有限公司
董事长 王云

道润国际（上海）
设计有限公司
总经理兼首席设计师 谭子荣

加拿大奥雅
景观规划设计事务所
董事长 李宝章

济南园林集团景观设计
（研究院）有限公司
院长 刘飞

苏州筑园
景观规划设计有限公司
总经理 张术威

东莞市岭南景观及市政
规划设计有限公司
董事长 尹洪卫

天津市北方园林市政
工程设计院
院长 刘海源

丘禾国际环境景观咨询
（北京）有限公司
执行总裁 刘毅

绿茵景园工程有限公司
董事长 曾跃栋
执行CEO 张坪

上海意格
环境设计有限公司
总裁 马晓暐

北京天开园林
绿化工程有限公司
董事长 陈友祥

深圳文科园林
股份有限公司
设计院院长兼公司副总经理 孙潜

GMALD
杭州林道
景观设计咨询有限公司
首席设计师、总经理 陶峰

杭州泛华易盛建筑
景观设计咨询有限公司
总经理 张挺

LAD—上海景源
建筑设计事务所
所长 周宁

南京金埔
景观规划设计院
董事长 王宜森

广州山水比德
景观设计有限公司
董事总经理兼首席设计师 孙虎

杭州八口
景观设计有限公司
总经理 郑建好

瀚世
景观设计咨询有限公司
总经理（首席设计师） 赖连取

河北水木东方园林
景观工程有限公司
总经理 冯秀辉

北京三色国际设计
顾问有限公司
董事兼首席设计师 陈昌强

城市也是一个大公园
City Is Also A Big Park

早在商周时期，在私家园林出现之前，我们国家就有了公共园林的发端，《孟子》中记载周文王所建灵台的使用情况："刍荛者往焉，雉兔者往焉，与民同之。"意思是砍柴的去到灵台里面砍柴，打猎的去到灵台里面打猎，老百姓和王族是一样的，灵台既是王族家用来祭祀和告慰祖先的地方，也是老百姓进行生产经营的地方。

当下城市建设如火如荼，城市公园也从原来的封闭式园林建设扩展为类型繁多的公园、花园、街头绿地、绿色通道等等各种城市公共空间，让人们在"居求安"之后又有了新的生活品质的提升。但是总体来说，我们城市公共空间的人均比例还是少的可怜，公共空间的品质也亟待提升，不过总算已经迈过了从无到有的一大步。

现在寸土寸金的城市里很难在能够开辟出足够面积的地块建设公园了，并且整个城市也被各种围墙分割、分裂形成一个个孤岛。开发商楼书上印刷了各种美轮美奂的景观，各个机关、单位里面树木森森，这些都被统计进入了"城市绿地率"里面，但是这些往往又都不是"公众"的。更有甚者，一些大盘和各种机构动辄占据了几公里的滨水岸线或者自然山林，所有的围墙连起来让老百姓十几公里、甚至几十公里看不到大海、看不到森林，"公共性"就更加无从谈起。

城市也是个大公园，城市中所有的资源应当是公众所享有的，在我们提高"绿地率"、"城市景观品质"的同时，也应该切实的将城市变成一个"公"园，为普通市民提供真正属于他们的空间。

《中外景观》编辑部
2012年6月

重庆天开园林受邀参加企业捐建设计师园签约仪式

Chongqing Tiankai Park are Invited to Participate in the Enterprise when Stylist Signing Ceremony

2012年6月21日上午，第九届中国（北京）国际园林博览会企业捐建设计师园的签约仪式在美丽的北京南宫温泉度假酒店举办。住房和城乡建设部（住建部）、园博会组委会、北京市各区县园林绿化局相关领导和来自捐建企业、园林绿化企业、媒体代表共150余人参加了签约仪式，天开园林作为捐建企业，受邀参加此次活动。

第九届中国（北京）国际园林博览会是住建部和北京市政府共同主办的国内风景园林行业层次最高、规模最大的国际性盛会，也是国际风景园林行业最大、最具影响力的盛会之一。本届园博会还专门在园区设立了世界著名风景园林大师展园，并首次实行由企业捐建的方式建设。

将世界一流的风景园林大师和园林设计师与国内最优秀的施工企业有机结合，相互配合，建成行业瞩目的经典作品，是第九届园博会最大的亮点。目前，北京园博会组委会已经邀请到美国的皮特·沃克、德国的彼得·拉茨和日本的三谷澈三位世界著名的风景园林大师来京造园，每个大师展园的面积为2 500 m^2。

本届园博会确定在北京举办以来，全国园林界都满怀期待，寄予厚望。我公司作为中国园林行业的一员，时刻关注着园博会的进展情况。通过与园博会组委会和彼得拉茨先生的多方接洽，最终凭借良好的行业声誉、过硬的综合实力和积极的捐建态度，得到北京园博会组委会和拉茨先生的认可，获得了彼得拉茨大师园的捐建机会。

陈友祥董事长在此次签约仪式的讲话发言中明确强调，重庆天开园林将继续保持高度的社会责任感和使命感，为中国的园林行业发展倾心尽力，为北京市的生态文明建设添砖加瓦，为社会的和谐稳定和国家的繁荣昌盛贡献天开的一份力量。展现了作为一家园林企业投身公益、回报社会的良好精神面貌。

签约仪式开始前，陈友祥董事长与住建部城建司副司长陈蓁蓁、第九届园博会组委会办公室副主任、北京园林绿化局副局长强健等人进行了亲切交谈。签约仪式结束后，我公司与多家媒体进行深入沟通，并向与会代表和媒体赠送刊物及纪念品。

1

2

3

4

5

6

7

1. 第九届园博会组委会办公室副主任、北京园林局副巡视员廉国钊主持签约仪式
2. 第九届园博会组委会办公室副主任、丰台区副区长张建国与陈友祥董事长签约
3. 住建部城建司副司长陈蓁蓁向陈友祥董事长颁发荣誉证书
4. 陈友祥董事长在签约仪式上发言
5. 陈友祥董事长与住建部城建司副司长陈蓁蓁交谈
6. 陈友祥董事长与第九届园博会组委会办公室副主任、北京园林绿化局副局长强健交谈
7. 天开园林位于签约现场的宣传展板

非设计景观的存在与价值

The **Existence** and **Value** of Non-designed Landscape

秦颖源
AIA, ASLA
寰景工程（上海）设计总监
美国注册建筑师

这是一个短暂而难忘的微光片刻，曾在早春明亮的北方乡间田野穿行，不经意步入一幅图画——阡陌交错间的一片杨林树阵纵横规则地延展开去，有序而不单调，风曳枝摇，光影斑斓，引发无限田园情思，脑中不由闪念出“多美的设计”，随即不禁又自嘲一番——“美”一定是要设计的吗？

从事设计职业的人以改造环境为己任，习惯于用“设计度”来衡量场所的价值，以“景观设计”水准来评判“景观”的品质，殊不知自然和人居环境中大多数景观都不是“设计”的，或者至少不是“职业设计”的。英文里的“landscape”远比“landscape architecture”含义宽泛且历史久远，前者是涵盖历史、地理、文化、艺术、人类学等的综合命题，后者不过是近百年来兴起的依托技术手段解决人和环境矛盾的实践专题，认可这个差异化的前提下再给“LA”寻找中文名称就有依据了。

有趣的是，美国所有大学的景观专业都以“LA”冠名，但侧重点大相径庭，在讲求设计创意的传统院校之外，还有相当多的学府标榜“反设计”——不苛求图面形式感视觉冲击力，关注景观的生态意义和社会价值，就这个层面而言，景观研究趋近人文学科，与工程渐行渐远。

美国有一本发行量不大但学术地位很高的《Landscape》杂志，创办于1951年，它的创始人J. B. Jackson (1909—1996) 被誉为“致力于理解美国国土景观的最伟大的当代作家”。Jackson是一个作家，出版家，教育家，人类学家，地理学家，速写画家……但不是一个景观设计师，一生中从未设计过任何不朽作品，他的杰出贡献在于让美国公众认识到乡土景观 (vernacular landscape) 的价值。“乡土景观”有别于“自然景观 (natural landscape)”和“设计景观 (designed landscape)”，它是土地人居文化的体现，因人的活动导致景观的成型或湮没，比高山大川更能从高空俯瞰大地时吸引人眼。乡土景观不是为艺术而创作，是因为人居而美，人支配环境满足生理、社会和精神上的需求。景观的评价以人为出发点，景观的美是一个社会标准，景观最终成为社会行为、文化价值和宗教信仰的象征，具有明显的场所和时域特征。所有这些特征都围绕日常普通人的生活展开，也许有一天人们会问：“没有设计的景观是不是最好的景观？”

翻开《Landscape》杂志，所有的照片都是黑白的，介绍的主题不是设计大师的大作奇思，却是最普通的小镇老街，农舍宅院，车站土路，甚至公路旁延伸到天边的电线杆也是经久不衰的表现对象，理解美国的人会认同这就是代表大多数人生活环境的American Landscape，那些高楼华府只是极个别城市的面具而已，世界却把拉斯维加斯的流彩当做美国的偶像来膜拜。美国有相当多的大学城远离繁华都市，在一片世外桃源般的山林田野间享受着自然的宁静，在这里生活的人不约而同地都会对高密度的城市生活心生反感，对迎合商业口味的“设计景观”表示不屑，更乐于回归到乡土景观的平淡实用中。

乡土景观属于乡土文化的范畴，在中国就是广袤农村生活的场景。有人视周庄、乌镇之类的江南水乡为乡土景观的精粹，这是一种普遍的误解，姑且不谈现实中的“江南水乡”如何被旅游经济改造成观光胜地，但就这些区域在历史上也代表的是城镇市井文化，是城市化的雏形。真正意义上的乡土文化是一种丰富多彩的地域性文化，“是最大多数人的文化，它最朴实，最真率，最生活化，也最富有人情味”（《中国乡土建筑研究丛书》总序）。中国的乡土文化研究发端于费孝通先生(1910—2005)，他的《江村经济》(1939)和《乡土中国》(1948) 是中国文化人类学的开山之作，历久弥新。20世纪90年代起，以清华大学陈志华教授为首的团队广泛开展“中国乡土建筑”调研，在二十余载丰硕的出版成果中，对众多乡村聚落的人文源流和地理环境都进行过描述，焦点落在建筑单体和组群的物质形态上。相比正在消失亟待抢救的乡土建筑，乡土景观更加脆弱。建筑的形制可以改造以适应新功能，或移建保护，或原样复建，以图留存，但乡土景观是人居方式的衍生物，随着社会生活的改变，一旦消失，历史就已翻过这一页，后人只能从影像和记忆中追索。

石库门旧屋依在，但老弄堂生活何处寻觅？

拉文纳公园边的遐思
Random Thought of the Side of Lawenna Park

袁 源
女 1980年
美国华盛顿大学环境学院硕士
苏州工艺美院 环境艺术系 讲师

在西雅图生活的两年时间里，住在靠近华盛顿大学的第十七街，这是位于城市东北角的一条非主干道，街边种的行道树是茂盛而高大的栗子树，成年都有松鼠在街边觅食，来往的行人毫不影响这种小动物进餐的心情。十七街往北到尽头是个丁字路口，再往右拐，便是大学区的一个社区公园，名为拉文纳公园（Ravenna Park）。

我第一次来到这个公园，惊讶于城市中心的居民区有这么原始生态的环境：浓荫蔽日的原始杉树林，林中各种的蕨类植物，流水潺潺的小溪，溪中的石头上长着苔藓和木耳……人造的设施被最大化地限制了，仅有山谷中供人跑步的煤渣铺路，跨过山谷和小溪的木桥，和一个供居民烧烤的凉亭，甚至连路灯都是极少的。这和我平常看到的社区公园的形象差别甚大，没有千篇一律的景观植物，没有形象单调的景观建筑，没有大面积的花岗岩铺地，没有标志性的公共雕塑，只有一个纯粹的自然。

偶尔到拉文纳公园散步，看到慢跑的、遛狗的、还有做瑜伽、打太极的居民都是远远地微笑示意。这样的环境有一种神奇的力量，就是让人安静下来，变得友好。后来也在网上了解了拉文纳公园的一些历史，这里原来是冰河季结束时冰川消退时在地面留下的沟槽痕迹，在亿万年的地貌变化中形成了此处的山谷和山沟，还有不远处的绿湖（Green Lake）和华盛顿湖（Lake Washington）等湖泊。山谷中的植被也并非从古至今不变，而是随着地质和气候的变化慢慢发生演化。

我所就读的华盛顿大学环境学院中有很多研究课题是关于拉文纳公园的动植物保护的，师生们开展类似课题，便要到公园去采集标本进行定性和定量研究，这个看上去不起眼的公园居然在生态研究中有着自己的一席之地。公园的一个小角落是该社区的苗圃，每年社区的管理委员会也会定期开会，讨论种植苗木的种类，每次例会，参加的人员既有管理委员会的成员，也有居民代表，还有大学的专家，甚至有几次还请了开展该公园生态研究的学生代表。是的，这是一个真正意义上的社区公园，而社区是每一个人的，所以理应给每个人表达的权利。

回国后每次逛公园，有时是社区小公园，有时是城市的生态公园，还有大型的国家森林公园，我总是不由想起西雅图城市中这个不那么起眼的小公园，大概是因为我们的很多公园都太像一个乐园，给人娱乐和刺激，却很大程度上忽略了自然本身提供给人的抚慰。很多时候，我们匆匆忙忙把一片土地上的所有事物铲除干净，急忙填补上我们认为是美的、高级的、时尚的事物，却忽略了在自然的历史中，人类书写的痕迹毕竟是短暂的、易逝的。

“第二届文化遗产保护与数字化国际论坛”成功举办
" The Second International Forum of Cultural Heritage Protection and Digitization " Successfully Held

由北京清华同衡规划设计研究院（THUPDI）、国际文化遗产记录科学委员会（CIPA）、中国文物保护技术协会(CAPTCR)、中国文化遗产研究院（CACH)、中共海淀区委宣传部、北京市海淀区圆明园管理处主办的“第二届文化遗产保护与数字化国际论坛”于2012年10月18-19日在北京举办。

本届论坛探讨的核心议题是充分发挥现代信息和通信技术的巨大潜能，让“分享遗产”超越时空的界限，使更多的人了解文化遗产所承载的历史、文化和科学价值。论坛旨在从“数字遗产，分享遗产”出发，研究如何通过数字手段更好的保护、展示、利用、分享人类共同的宝贵遗产。希望能够为世界范围内的建筑或其他文化古迹、文物或遗址的保护和复原提供相应的技术解决方案，从而对建筑、考古和其他艺术、历史研究提供支持，最重要的是通过技术手段，将遗产的价值与公众分享。

本届论坛发布了由英国伦敦王国学院于2006年起草、针对三维可视化手段在文化遗产研究和宣传中应用的国际性文件——《伦敦宪章》，同时发布了由清华同衡规划设计研究院开发的“圆明园移动导览系统”，展示了数字化技术在文化遗产领域应用的广阔前景，更让中国古典建筑、园林通过现代数字手段焕发出青春活力。

第十七届广州国际照明展览会完美落幕
Perfect Ending of the 17th Guangzhou Lighting Exhibition

第十七届广州国际照明展览会和广州国际建筑电气技术展览会于2012年6月12号在琶洲展馆完美落幕，两展共汇聚超过2 900家参展商展示旗下产品及技术，其中照明展汇聚超过2 600家参展商，覆盖21个展馆，总面积达220 000 m^2。参展商来自27个国家及地区，当中包括新加入的10个地区—澳大利亚、比利时、爱尔兰、澳门、荷兰、西班牙、瑞典、越南、英国及乌克兰。两展互动下，无论在解决方案、影响力、展会规模及观众吸引力各方面，均带来绝佳的协同效应。

展会观众人数再破纪录，逾100 000名来自世界各地的观众莅临参观各知名品牌企业的最新产品与技术。其中共1 900家展商在展会现场展示涵盖整个LED产业链的产品及科技，主要云集于LED亚洲展区，场地覆盖8个展馆，总面积达80 000 m^2。

本展会的大会同期活动多元化而丰富，吸引大量专业观众，多家亚洲LED研发单位也在“2012亚洲LED高新技术成果交易节”上陆续展出旗下最新技术及研究成果。

除此以外，本届广州国际照明展览会吸引四个行业协会加入为新支持单位，使支持单位总数增至18家。

HUNDSUND 居民区中心

Hundsund
Community Centre

项目信息

委托方：贝鲁姆地方政府
设计单位：Bjørbekk & Lindheim
设计师：Div`A arkitekter
设计时间：2009年
项目地点：挪威 奥斯陆
获奖情况：Hundsund 社区中心的设计方案获得了 2009 Statens Byggeskikkpris 国际建筑设计奖提名

Project Information

Commissioned by : Bærum Local Government
Design Company : Bjørbekk & Lindheim
Designer : Div`A arkitekter
Design Time : 2009
Site : Oslo, Norway
Name the project : Hundsund Community Centre
Awards : Hundsund community centre was nominated for the National Building Design Prize (Statens Byggeskikkpris) in 2009

Hundsund中心建在了中央行人专用区的附近，通过这个中心可以方便地享受到周边的设施。步行街的地铺材质是花岗岩，一条小溪沿着这条中心街蜿蜒流淌给人一种清新舒适的感觉。幼儿园，运动场，游泳池都可以在这条步行街上找到相应的入口。这个中心区的北端是机动车装载和卸载的区域。

该区域的设计为Fornebu地区的新居民提供了一个社交集会的场所。

该中心区东西两侧的学校和幼儿园都有宽阔的户外空间。建筑物周围有一些部分露天的庭院，庭院里种植着朝南生长的落叶松。在庭院里还有长条桌和长凳，孩子们可以在这里参加户外活动的课程。

校园里有一个多层次的户外活动区。该区域里有一系列用于表演的设施和舞台、缆索用以鼓励登山和户外集会。还有三个混凝土碗型体育场用于滑滑板、骑自行车、跑步和开展其他滑行运动。

幼儿园的室外有一条蜿蜒的自行车车道上面有人造地面突起，还有木墩、人造泵水运河以及一个造型似瓢虫的小丘覆盖着软软的安全草并且还有一个包含五个小型木制演出剧院的村庄。这里还有一个小菜园，柳树灌木为小动物提供藏身之地，这里还有一个“百亩之林”。

行人专用区的南侧是运动区。它包括供玩耍的人造草坪，溜冰场，篮球和沙滩排球场。

Hundsund centre is built around a central pedestrian zone that provides access to all the surrounding facilities. The pedestrian street has granite flooring, and a meandering stream of water runs along the centre of the street, creating a refreshing element. The junior high school, the nursery school, the sports ground and the swimming pool each have their own entrance from the pedestrian street. Vehicles approach the area for loading and unloading at a roundabout at the north end of the central zone.

The area is designed to become a social meeting point for the new residents of Fornebu.

The school and nursery school to the east and west of the central zone each have their own spacious outdoors areas. The buildings are surrounded by patios, partly roof-covered, made of larch heartwood opening out to the south.The patios have long tables and benches where the children can participate in outdoor lessons.

The junior high school has a multi-level outdoor activity area. The area includes a series of structures and a stage for performances, roped units to encourage climbing and outdoor meeting places. There are also three concrete bowls for skateboarding, biking, running and sliding.

The outdoor area for the nursery school has a winding bike path moulded with bumps, a wooden pier, a water canal with a pump, a ladybug-inspired knoll covered in soft-fall safety grass and a village of five small wooden playhouses. There is also a little vegetable garden, a willow shrubbery that provides hiding places, and a “Hundred Acre Wood”.

The sporting area is found south of the pedestrian zone. It includes playing fields with artificial turf, an ice skating rink, and basket and beach volleyball courts.

KUNSTGRESS
BARNEHAGE
SVØMMEHALL
FLERBRUKSHALL
KUNSTGRESS/ISBANE
SKOLE
SERVICEBYGG
SNARØYVEIEN

第九届园博园设计师园 5 号地块

The Ninth

Session of Garden Show Park Designer Garden Plot No. 5

项目信息

设计单位：澳斯派克（北京）景观规划设计公司
设计总监、主创设计师：李伦
设计团队：刘庚、Paul Pilcher、董禹杉、刘鹏涛、丁世界等

Project Information

Design Company : AoSiPaiKe Landscape and Planning Studio
Design Director and Chief Designer : Alan Li
Design Group : Liu Geng, Paul Pilcher, Dong Yushan, Liu Pengtao, Ding Shijie etc.

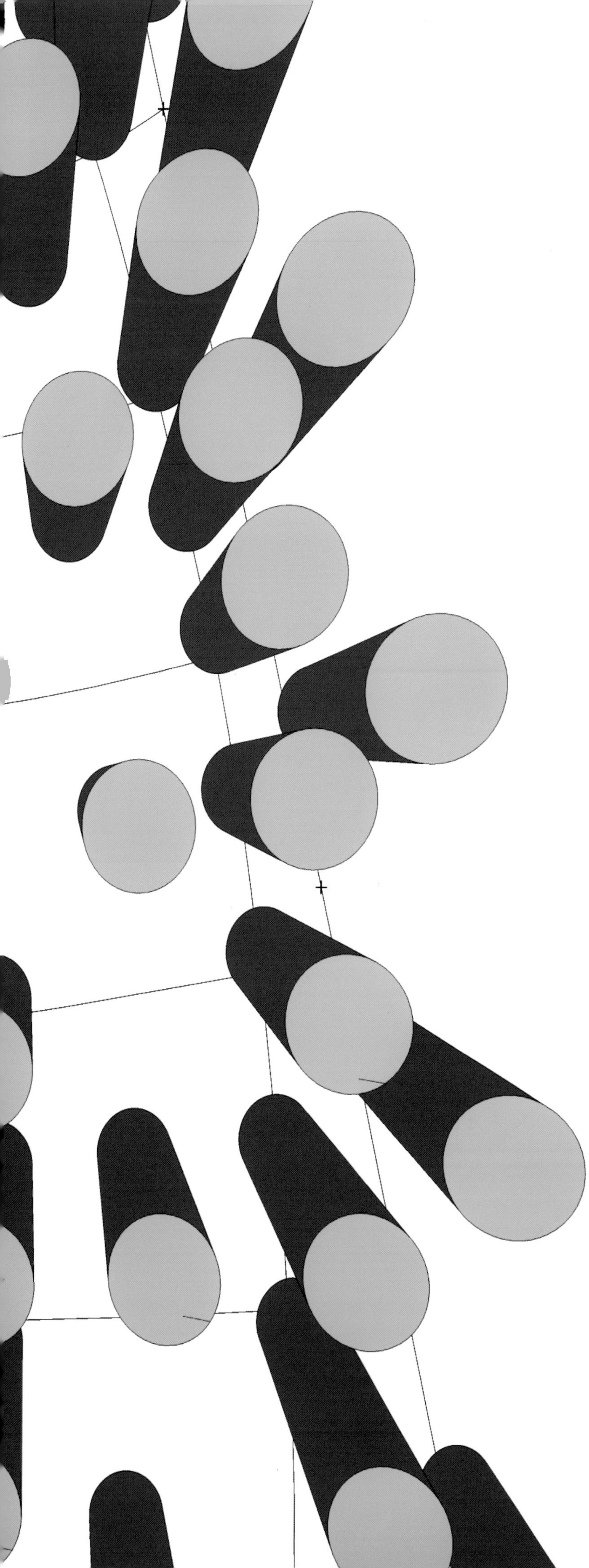

设计概念

1. 一个有趣、快乐的地方：设计师以带给人快乐为目的

迷宫(maze) 是个会带给你开心、快乐的地方，无论在中国还是外国，无论在你的童年还是成年。迷宫(maze) 由来已久，魅力不减。它是个会带给你乐趣、快乐的地方，无论在中国还是外国，无论在你的童年还是成年。

设计师将迷宫进一步加工，设计成绿色的丛林矩阵，徜徉其中，流连忘返，仿佛回到快乐的童年。

2. 简单与丰富 — 用简单的元素组成丰富的景观

中国古老的哲学《易经》说："易有太极，始生两仪，两仪生四象，四象生八卦。"现代的计算机语言也是二元论的，用简单的0、1逻辑语言组合为基础，衍生出丰富多变的计算内容。设计师广场也试图用简单的元素—绿篱，创造出丰富多变、充满体验的景观空间。

3. 迷失与思考：二元论与矛盾推动发展

设计师的创造过程中有个重要的黑箱过程。我们尝试用"空间体验"的设计手法，模拟一种情景：在基地一端设计了一个封闭的"黑盒子"，同时在另一端有个开放的"白广场"，两者之间是绿色丛林. 人们漫游期间, 体会这个清晰—迷失—再清晰的设计过程。

设计师是解决矛盾的主体，同时也成为了甲方乙方矛盾的一方。在这个设计师广场， 就像这一黑一白两个空间, 组成了推动事物进展的矛盾双方。

其实每个人都是设计师，设计的主要工作是思考，所以我们创造了这个空间，貌似简单却丰富、混沌而有内在秩序。它屏蔽了外部的嘈杂众生，迷失其中反而会使你清醒，鼓励你思考、反思出新的角度、设计出新的方法，来回应这个复杂世界的各种问题：我们要设计整个世界，还是这个世界已经设计了我们？蝴蝶是我，还是我是蝴蝶？设计师是我，还是我是设计师？To be or not to be？生存还是毁灭? 这些最简单的问题，其实引领了我们的思想和行为。

这个设计师广场，由单体的绿篱组成的丛林，鼓励人们安静、独立地思考。

区位平面图：设计师园位于北京园博园东侧，西邻锦绣园，西侧有高架铁路线通过，地块被公园主路分隔为东西两部分,共有六个地块，每个面积只有1 000 m^2。

5号地块位于设计师园南部，公园主路东侧，是人流主要来向的开端位置。与东侧的荷兰园、北侧的彼得沃克大师园共享一个入口小广场，同时南侧紧邻航天主题园，应该是个既有自身特点，又尊重周边更大的主题园的小园。园博园位于北京西部永定河流域，空旷多风。

空间分析：单纯的绿篱，营造丰富的空间（多意性）。点线面的矩阵，设计师的游戏迷宫。正如计算机0、1的逻辑语言可以组合成强大的程序，简单的元素可以构成丰富的外部世界。

我们利用单一的元素（绿篱点），经过矩阵组合，构成了收放有致的景观空间，适合于不同规模、不同目的的人群活动。

平时并不引人注目的绿篱树，在这个空间成为了主体，跟游人产生物质和精神上的互动。而游人可以把它想像成不同事物的载体，这种简单与多义性的互动，可以为游人带来的丰富的感悟。

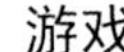

游戏

密谈　　惊喜

思索　　迷失

探险

金属铺装内置LED灯，指引道路，打造迷离夜景（丰富性）；点状的绿篱，其实是有它的内在分布规律，即一张动感变化的网络，它使人联想起人类思考的脑电波。 这些网络线（金属带）的交叉点，即是绿篱点的位置。同时网线连接了左右两极（黑盒子与白广场），隐喻了事物的二元论。

夜晚迷离的灯光变化会使整片丛林看起来神秘而生动，像是不停思考的脑电波，刺激你来参与其中。v色的广场代表物质、开放、公共、阳极。黑色的盒子代表精神、内在、自我、阴极。对立的两极，是事物正反两方面常态的形象表现，人们可以在内部静静的思考，自由地畅想。外部丛林迷宫中有人渐行渐近的时候，身处黑盒子中你可以通过玻璃窗偶然看到，产生"众里寻他千百度，暮然回首，那人却在灯火阑珊处"的戏剧性效果。

行为模式分析：回应5号地位置，人流组织是多向的。从而产生易达性和多样的环境行为。不同尺度的空间，适合不同规模的人群活动； 迷宫式的空间，单一的绿篱却带来了丰富的空间体验，激发人的好奇，带来愉悦的心情和活动； 浓密的丛林和私密尺度空间，屏蔽了外部嘈杂人物，引发人们反思； 小尺度的、四季常绿的、有限的绿色的森林，时刻提醒人类要爱护大自然。

One interesting and happy place to go, designer's goal is bringing happiness to people.

The Maze is honored by time and still has charming to people since it can bring you happiness and interest no matter what is your age or race.

The designer reconfigured the maze to a green matrix, in which you roam and wander about, as if you are back to childhood.

Designer should be a happy career as it can bring happiness and gain for people.

Puzzle and Meditation, the Contradiction driving the development.

There is a Black-box process in design work. We try to simulate a scene and experience similar to the process of "clear- lost – re-clear" for visitors by : creating a closed "Black box" at one end and an open white space at the other end of the site, the two parts connected by the hedge matrix and people wandering about.

In the contract, the designer is part B to the client, Part A. in the Green Matrix, we create a white open plaza and a black-box, representing the contract two parts of one matter.

Everybody is a designer, and the main work of design is thinking. So we create this space which combined with the nature of simple and complicate, chaos and internal order. It blocks the outside noisy clutter so can give you a peaceful space for refreshment. It encourages you to meditate in new angle and find method as response to the problems of the complicated world.

We are going to design the world or we have been designed by the world?

Te be or not to be, this is a question.

The answers of these simply questions, leading our mind and actions.

This "Meditating Forest" gives us a quiet space and encourages us to think it over.

Location Plan

The designer's garden locates in the east of Horticulture site, next to JinXiu garden and the train line bridge passing on it's west. There are six lots with 1,000 m^2 area for each.

The lot 5 is located to the south of the site, on the east side of the main road, which is the main pedestrians' direction. It shares a small entry plaza with the Netherland's garden to east, Peter Walk's garden to north, the Aerospace garden to south. So Lot 5 should be an identical garden also respects to it's surroundings.

The site locates in the YongDing river area Beijing, where is windy and cold.

Behaviors mode analysis:

As a response to the location of Lot 5, the circular is arranged in all directions to get better accessibility and diversified activities.

Different size of space in the Green Matrix suits different group of people.

The Maze-like space, made by simple hedge dot, brings rich space experiences, stimulates curiosity and interesting activites.

The dense "green jungle" and intimate space, blocking the outside chaos, encourage people meditate.

The small size and evergreen forest, reminds people to protect the nature for the future.

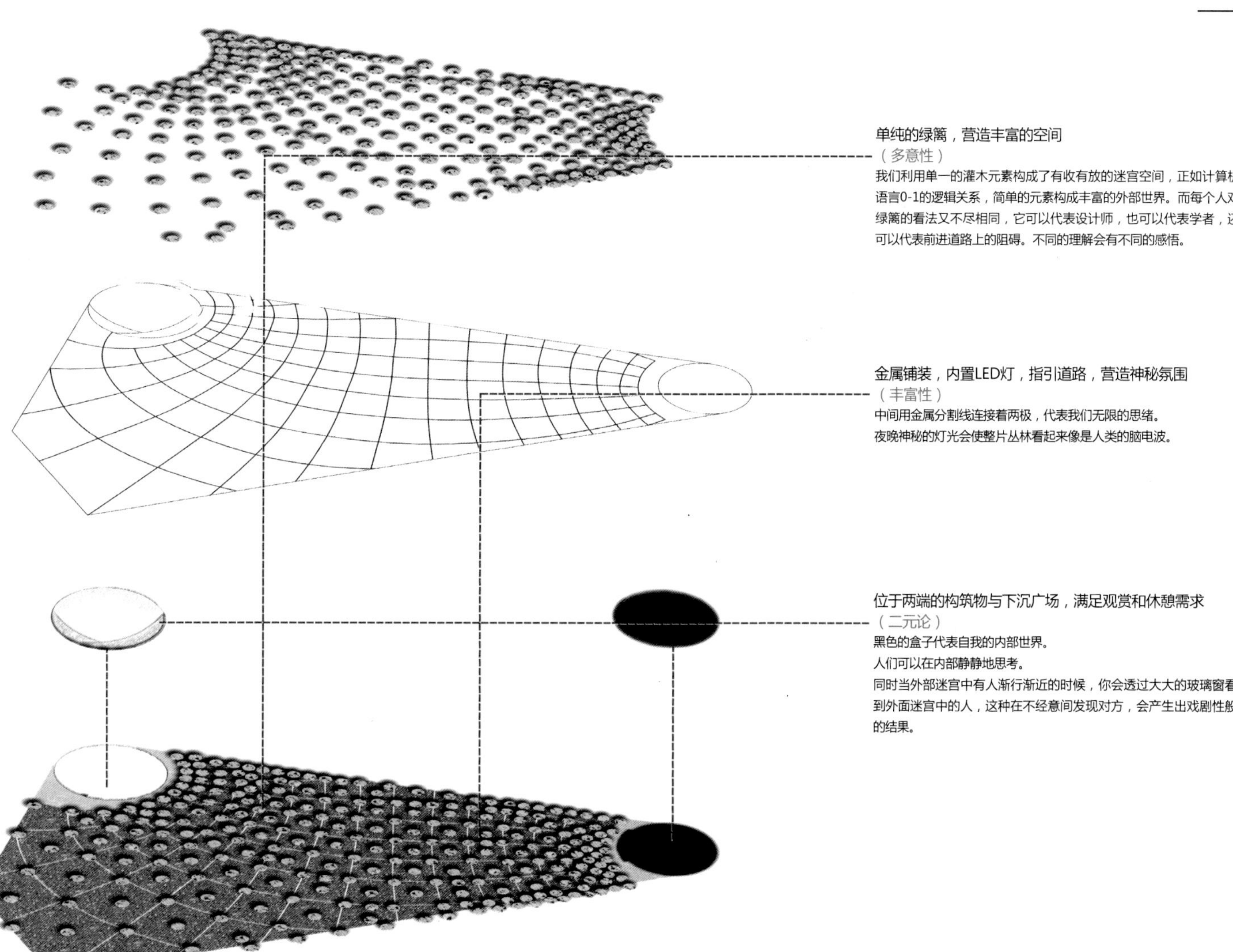

单纯的绿篱，营造丰富的空间
（多意性）
我们利用单一的灌木元素构成了有收有放的迷宫空间，正如计算机语言0-1的逻辑关系，简单的元素构成丰富的外部世界。而每个人对绿篱的看法又不尽相同，它可以代表设计师，也可以代表学者，还可以代表前进道路上的阻碍。不同的理解会有不同的感悟。
金属铺装，内置LED灯，指引道路，营造神秘氛围
（丰富性）
中间用金属分割线连接着两极，代表我们无限的思绪。
夜晚神秘的灯光会使整片丛林看起来像是人类的脑电波。
位于两端的构筑物与下沉广场，满足观赏和休憩需求
（二元论）
黑色的盒子代表自我的内部世界。
人们可以在内部静静地思考。
同时当外部迷宫中有人渐行渐近的时候，你会透过大大的玻璃窗看到外面迷宫中的人，这种在不经意间发现对方，会产生出戏剧性般的结果。

1号地块
2号地块
三谷徹花园
彼得·拉茨花园
京
石
高
铁
锦绣谷
一级环路
3号地块
皮特·沃克花园
4号地块
荷兰园
5号地块
二级环路
6号地块
航天主题园

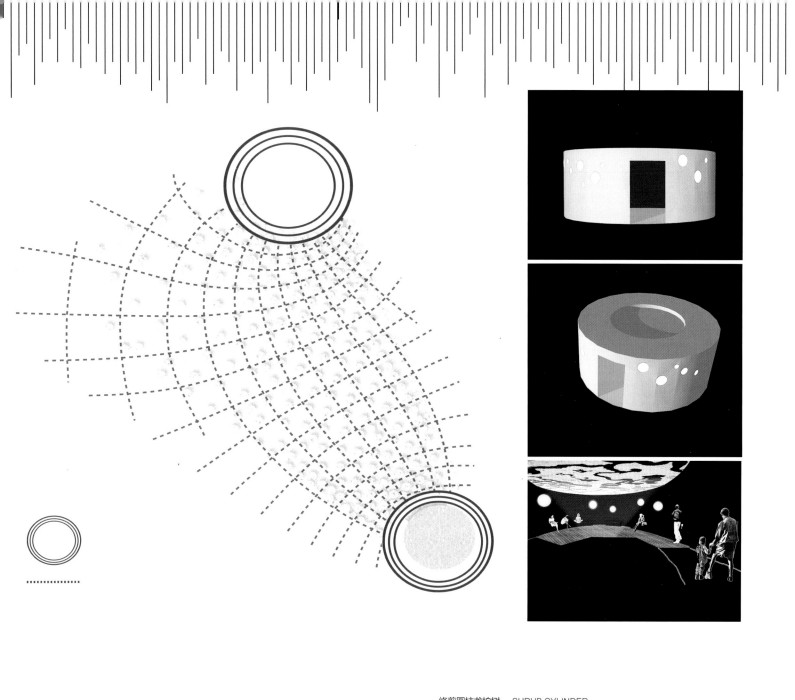

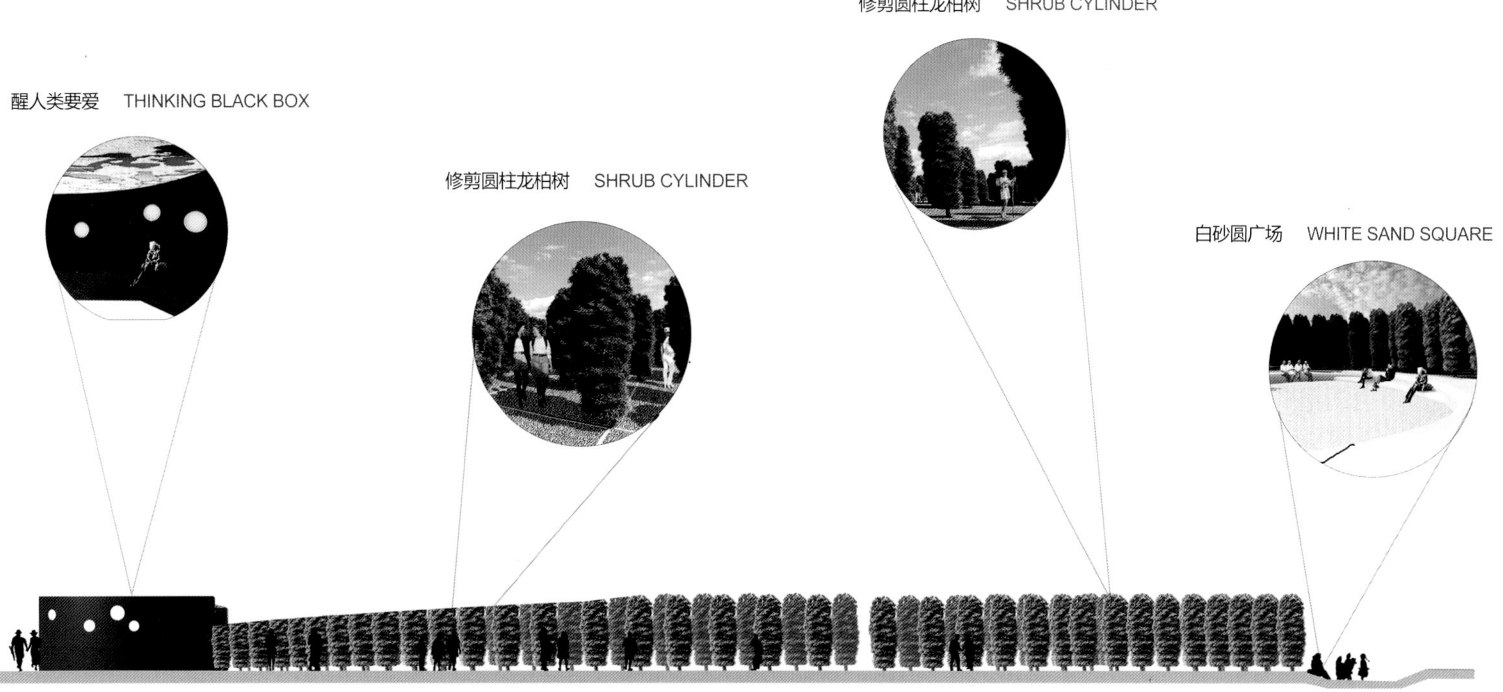
修剪圆柱龙柏树　SHRUB CYLINDER
醒人类要爱　THINKING BLACK BOX
修剪圆柱龙柏树　SHRUB CYLINDER
白砂圆广场　WHITE SAND SQUARE

彩虹门

Rain Bow Gate

项目信息

设计单位：Burnley Borough Council
项目地址：英格兰, 兰开夏郡, 伯恩利, 公主街
占地面积：50 m^2

Project Information

Design Company: Burnley Borough Council
Full postal address: Princess Way, Burnley, Lancashire, England
Gross area in sqm: 50 m^2

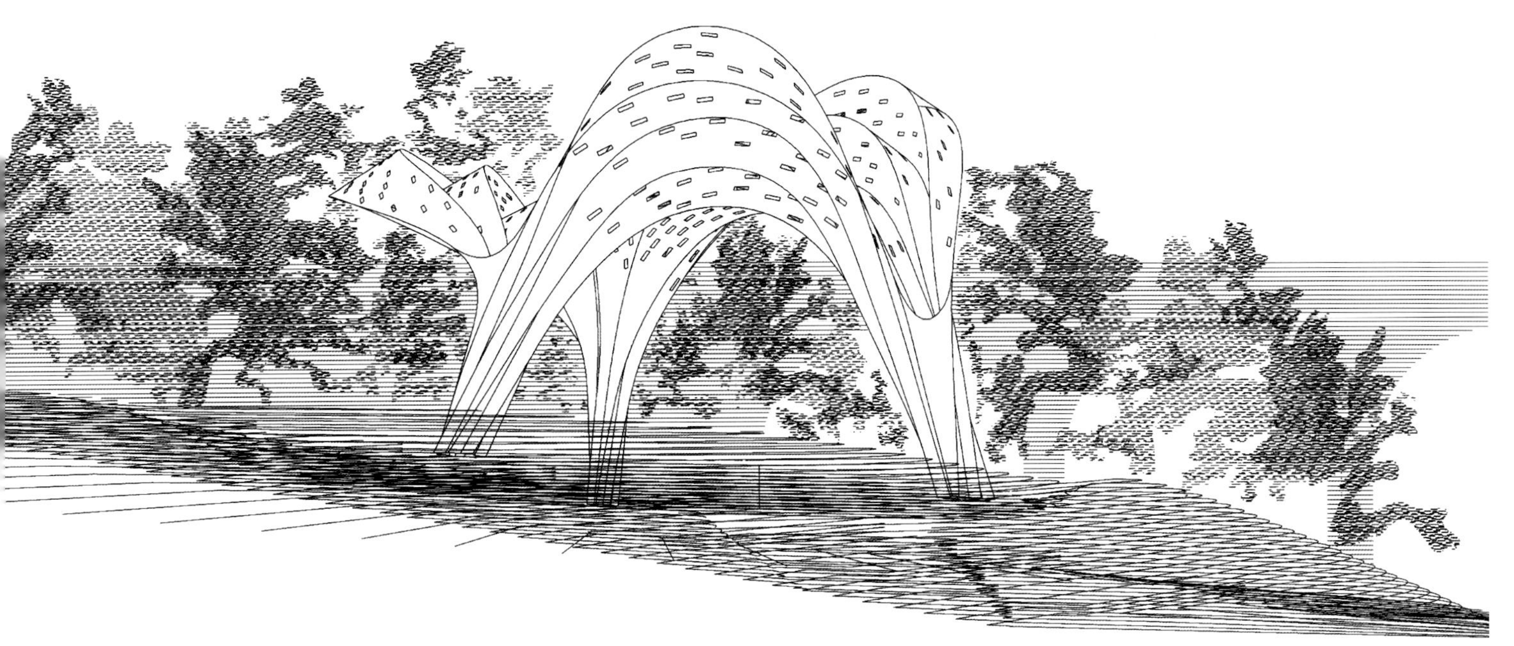

view from north
北视图

由Burnley Borough Council公司组织举办的艺术设计作品竞赛，其目的是要建造一件公共艺术作品，以全方位地提升教育及企业园区主路的整体形象。贝壳形花边结构是一种仿自然的设计技术，贝壳的曲线几何图形在设计中得到了充分的优化，光线可以穿过表面的打孔与整个结构形成高度互动。

该技术是几年前由Tonkin Liu和埃德•克拉克组成的建筑师团队利用数字化建模、数字分析、数字化建构工具，通过不断的研究和实验最终得来的，设计过程是一个反复的直观分析的过程。三维立体几何图形是由相连的起伏曲面组合而成。

此景观设施的表面是由未闭合的曲面构成的。将平板激光切割后，经过重新组合与再造型，形成最终的三维立体模式，把单一的平板塑造成一种新型结构。

三个连体景观门从三个方向欢迎来此参观访问的人，并与其相邻大学前的三条路相连，共同构建了一个人们聚会的场所。

The artwork competition organised by Burnley Borough Council looked to commission a piece of public artwork to enhance the image and improve overall perceptions of the Princess Way Gateway – Education & Enterprise Zone. Shell Lace Structure is a technique informed by nature. Sea shells gain strength from optimised curvilinear geometry. Lightness is achieved through perforation, creating highly-efficient and responsive structures.

The technique has been pioneered in the past year by a team of architects at Tonkin Liu in collaboration with Ed Clark at Arup, developed through research and experiment with digital modeling, digital analysis, and digital fabrication tools. The design process is intuitive, analytical and iterative. Three-dimensional geometries are built up virtually from conjoined developable surfaces.

These surfaces are unzipped at the seams, unrolled and nested allowing efficient laser cutting from a flat sheet material. The cut profiles are reassembled to create the final three-dimensional form. The result is a new breed of single surface structure.

Three gateways welcome people from three directions, where three routes coverege in front of a college, creating a gathering place.

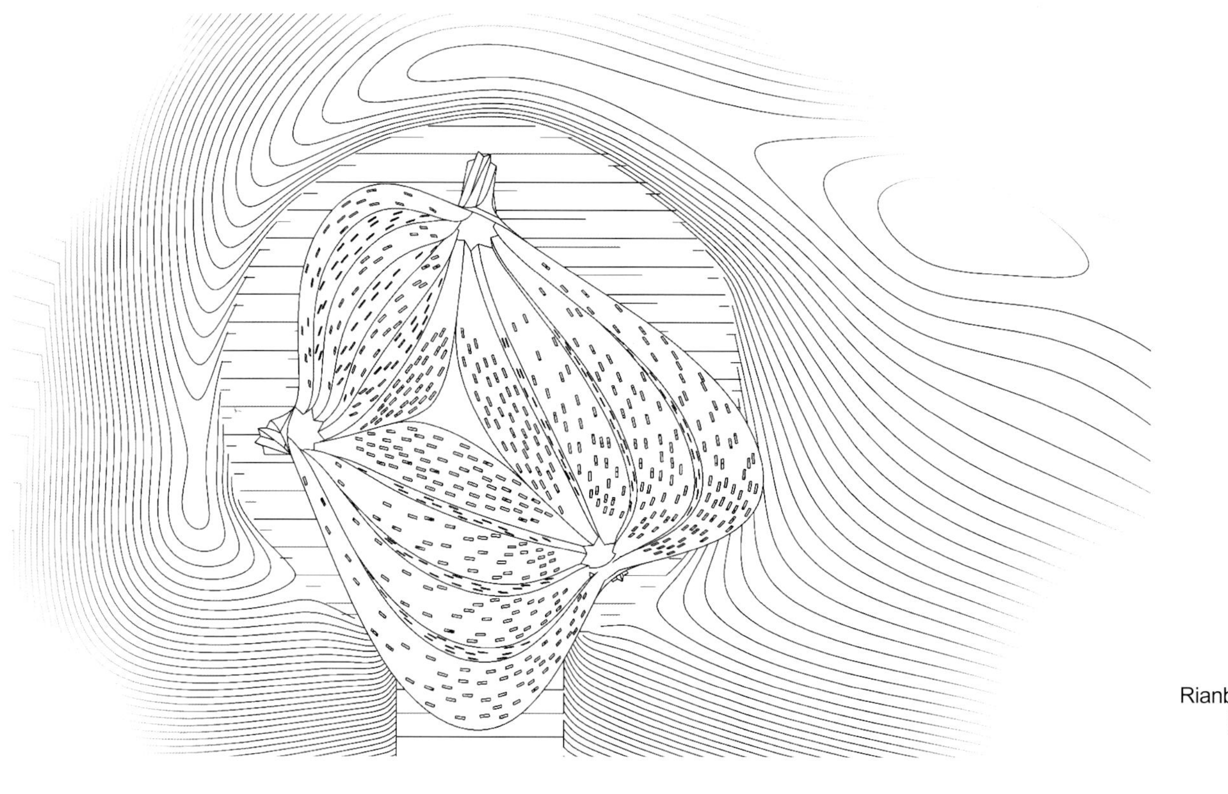

Rianbow Gate Plan
彩虹门总平面

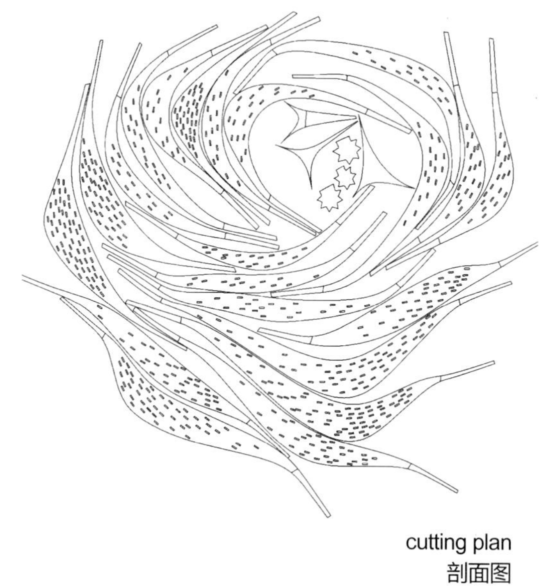

cutting plan
剖面图

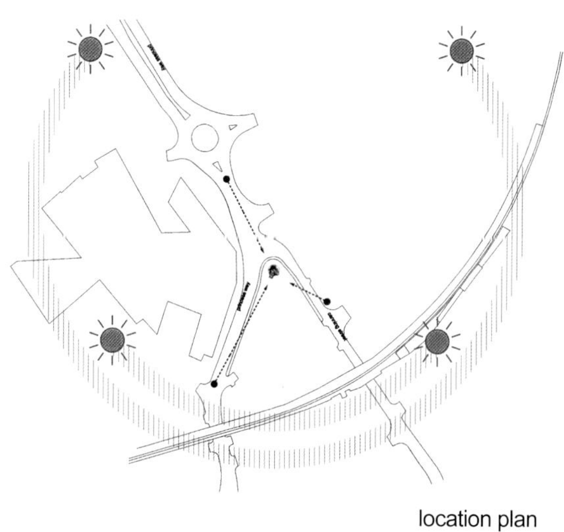

location plan
方位平面图

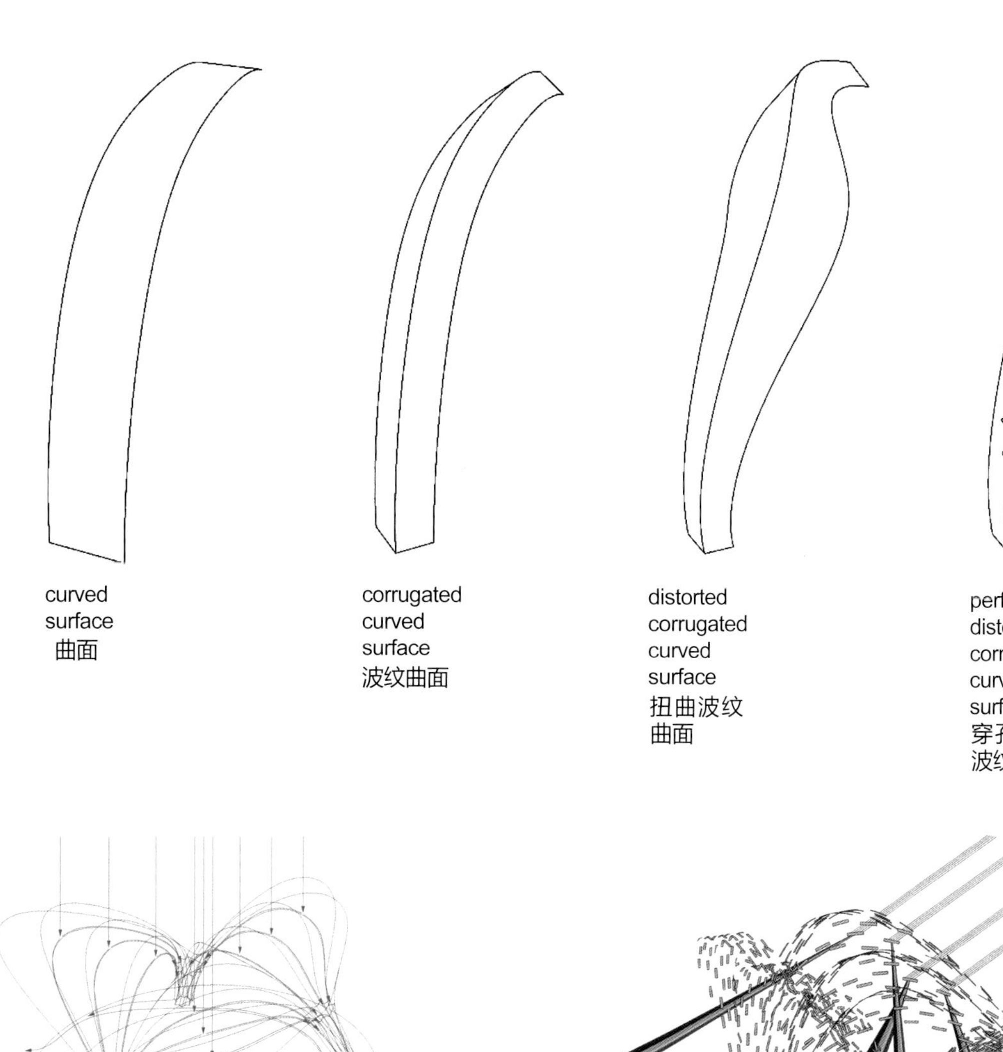

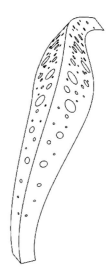

curved
surface
曲面

corrugated
curved
surface
波纹曲面

distorted
corrugated
curved
surface
扭曲波纹
曲面

perforatcd
distorted
corrugated
curved
surface
穿孔扭曲
波纹曲面

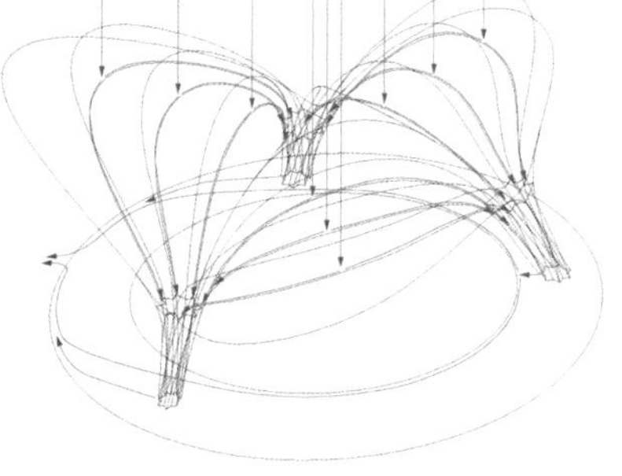

rain
雨

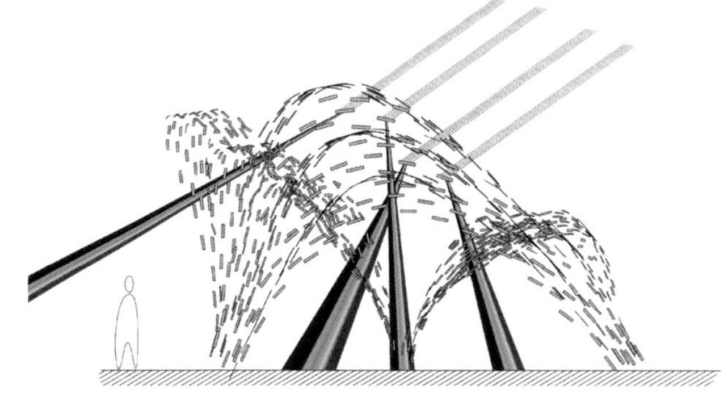

sun
太阳

5th May, 2011
2011年5月5日

11th May, 2011
2011年5月11日

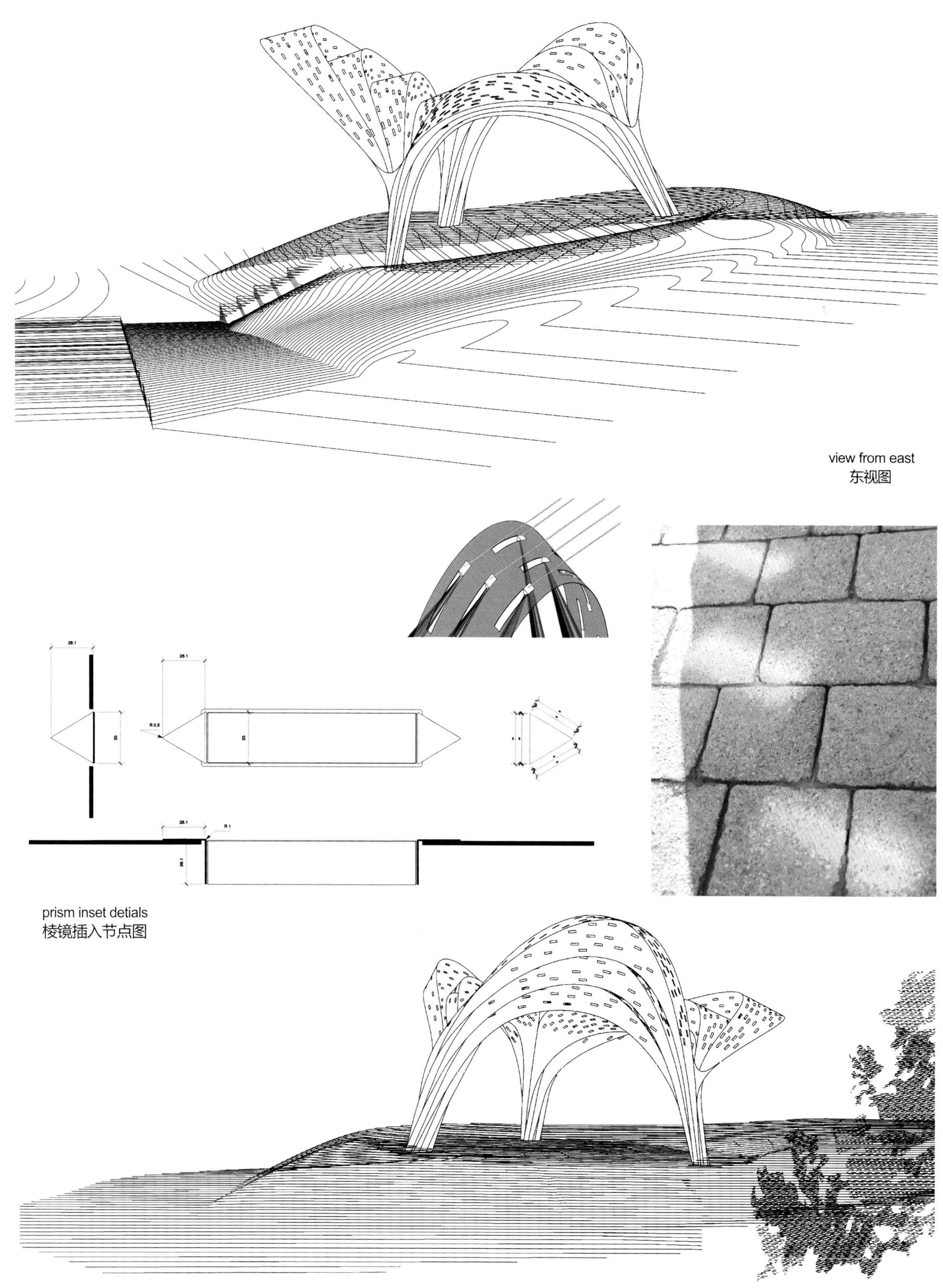

view from east
东视图

prism inset detials
棱镜插入节点图

view from southwest
西南视图

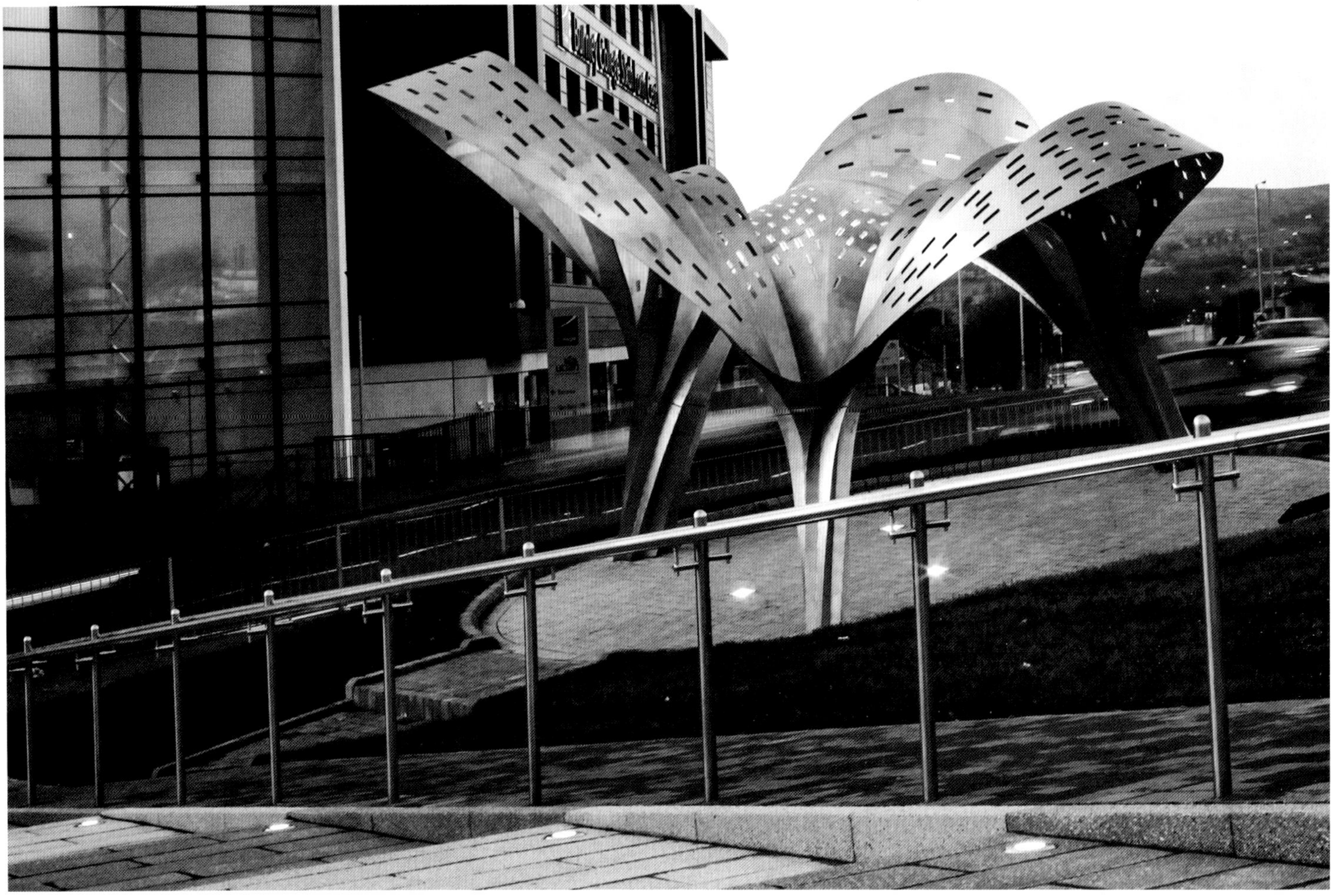

055 PFT 喷泉广场

055

PFT Piazza Fontana

项目信息

客户：意大利Rozzano市政
占地面积：6 200 m^2
项目地点：意大利米兰Rozzano

Project Information

Client : Municipality of Rozzano
Area : 6,200 m^2
Location : Rozzano, Milan

Labics设计公司在米兰建成了一个新的位于Rozzano郊区的公共广场。设计这个项目的主要目的就是在当地的社区中心创建一个新型的、灵活性强，并且受欢迎的景观，以满足附近居民生活品位的不断变化和提升的需求。

Rozzano市政和Labics设计公司为了能够更加准确地定义这个项目，通过广泛的民意调查，以最大限度地满足当地社区居民不同的要求和愿望。

为此，Labics设计公司在设计该项目的时候，在保留强烈的地方社区特色的前提下，适当增加一些全新的、计划外的使用功能设施。

该方案是在6 200 m²的地面上采用网格化的设计，使得这个广阔的地面空间变成了一块富有魔力的“地毯”。整个地面系统的设计采用了与众不同的材料和处理方法。广场上一系列的微环境可以鼓励使用者找到属于自己的乐趣，也可以作为放松或互动的空间。这种网格化设计由“黄金比例的矩形”组成（矩形边长的黄金比例是1:1.6），由此而决定了这个广场上的绿植、地铺的面积和分布比例。

这个系统中不同的直角三角形分别呈现了自然景观和人造景观。其中包括水、石、草坪、灌木和种植床。树种包括樱桃树、梨树、桦树和金合欢，以确保一年四季的不同色彩。

广场的地面铺装运用多种不同的材料，包含当地的石材、伊罗科木木材和混凝土等。设计中突显了地形轻微的起伏，这样就给人一种景观似乎能人为折叠的感觉，创造出了一个更加充满活力和立体的空间。广场上的长椅、凉亭、信息亭，以及社区里的当代雕塑都是这里的地标。

Labics celebrates completion of a new public square in Milan– a public square in the suburb of Rozzano.The primary aim of this project was to create a new, flexible and welcoming landscape at the heart of the local community, which would satisfy the residents' varied – and continuously changing – needs.

An extensive public consultation helped the Municipality of Rozzano, Labics' client, to define a very precise brief which accommodated the many different requirements and aspirations of the local community.

In response to this, Labics' design creates a space which is intended to trigger new, unplanned uses whilst retaining a strong local identity.

The concept is based on a grid which overlays the 6,200 m² space – rather like a magic carpet - and acts as the ordering system for a wide range of textures,materials and surface treatments. This provides a range of mini environments within the square,encouraging users to find their own space and activities – play, relaxation or interaction - within it.The grid is composed of 'golden rectangles' (i.e. rectangles with side lengths in the golden ratio of 1:1.6), the dimensions of these determining every element of the square from the planting to the paving.

A system of triangular shapes inside this orthogonal pattern helps to define the various natural and artificial surface treatments within the landscape, which include water, stone, lawn,shrubs and planted beds. A variety of trees, including cherries, pears, birches and acacias, has been planted to ensure a continuously changing display of blossom and colour throughout the year.

The paving is composed of a variety of materials ranging from local stone to iroko timber and concrete.To emphasise the lightly undulating topography of the square, the landscape has been artificially'bent' and folded to create a dynamic, more three-dimensional space.The square is populated with benches, a pavilion/info point and a contemporary.

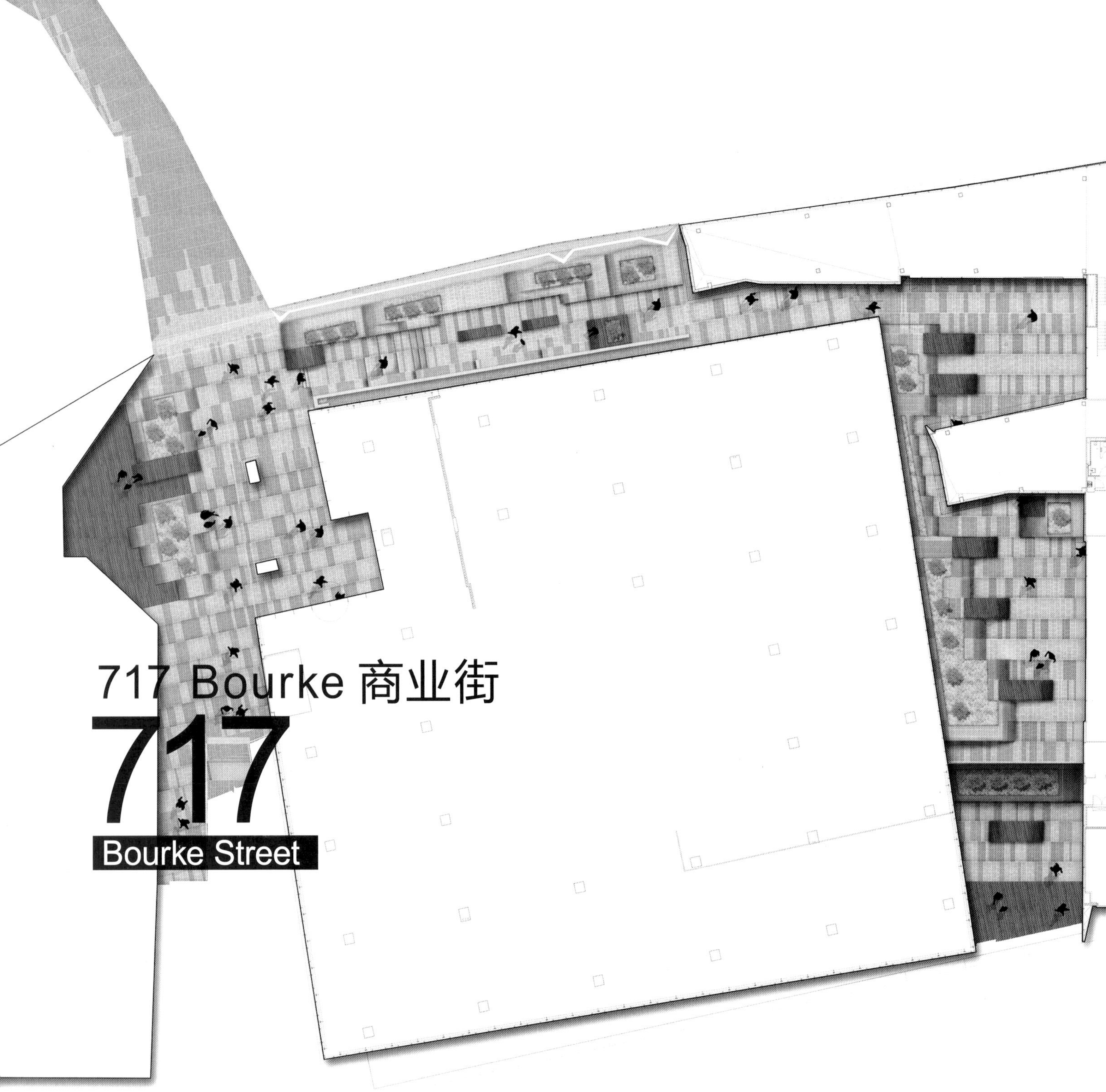

717 Bourke 商业街

717 Bourke Street

项目信息

客户：ProBuild & PDS Group
设计团队：ASPECT Studios澳派景观设计工作室、Metier 3 Architects 建筑设计公司、Aurecon 结构、水电工程设计公司、Blythe Sanderson 无障碍设计公司、Probuild 施工单位
项目地点：澳大利亚墨尔本海港区717 Bourke 商业街
专业摄影师：Andrew Lloyd

Project Information

Client : ProBuild & PDS Group
Consultants/Team : ASPECT Studios – Landscape Architecture, Metier 3 – Architecture, Aurecon – Structural, Civil, Hydraulic, Electrical, Blythe Sanderson – Access and Mobility, Probuild Constructions – Builder
Location : 717 Bourke Street, Docklands, Melbourne, Victoria, Australia
Photographer : Andrew Lloyd

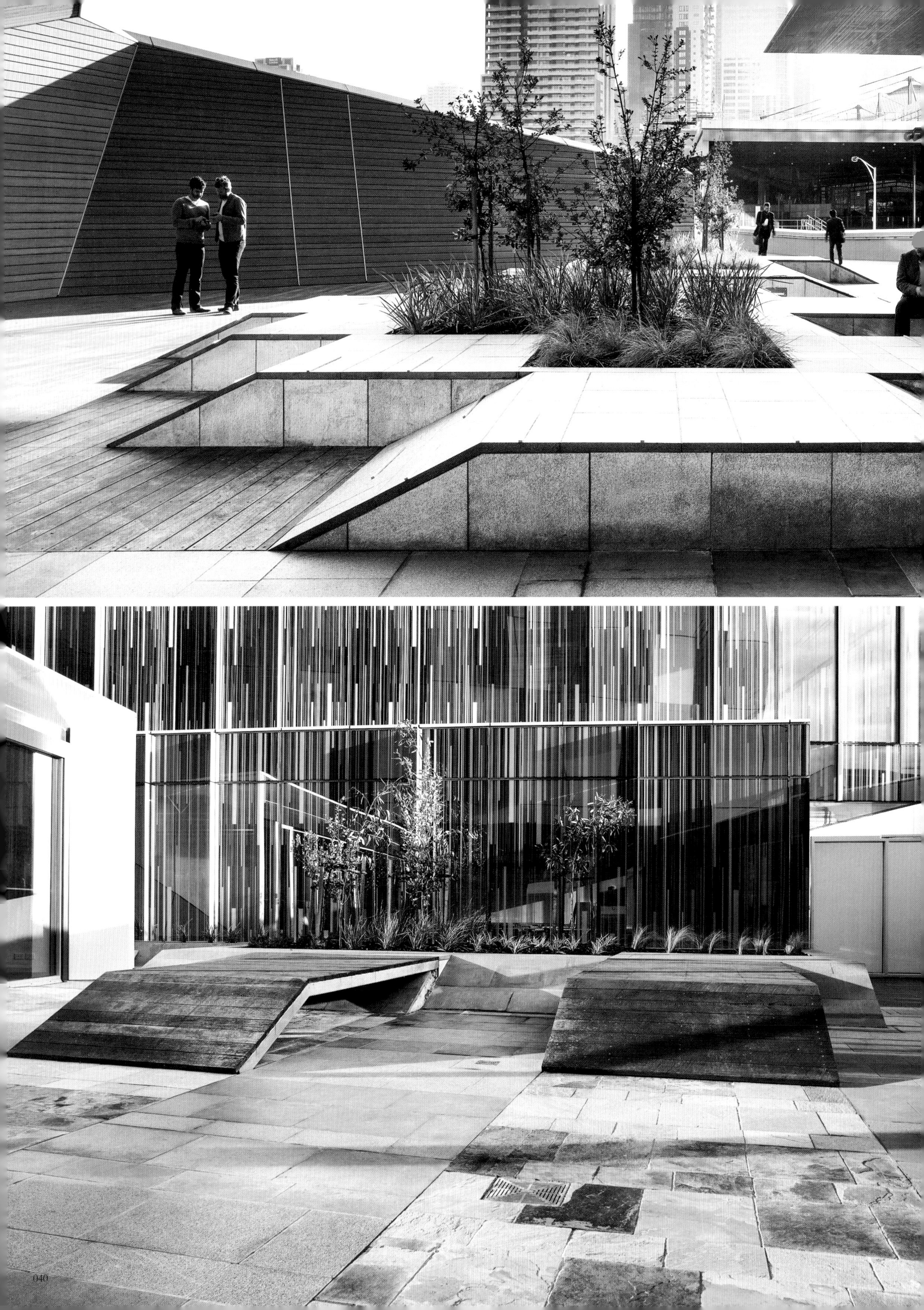

澳派景观设计工作室受业主邀请，为墨尔本港口区717 Bourke商业街商业综合体项目提供景观设计，设计的范围包括商业广场、屋顶花园、市政人行天桥以和庭院。

717 Bourke商业街项目位于墨尔本市中心，景观设计成功地与建筑形成一种有趣的对话，同时也营造出多个尺度宜人、温馨舒适的休息空间。通过景观设计，成功地改善了717 Bourke商业街的人行环境，加强了墨尔本CBD与港口码头区的联系。

设计师从建筑表现感很强的墙体设计中得到灵感，让建筑的线条在户外的铺地中自由地延伸，将公共与私有空间融合，将动态与静态空间融合，也将景观与建筑更好地融合在一起。

设计避免了景观与建筑常规的90°直角的空间关系，创造出一种独特的景观语言，成功地打造出一系列商业景观功能空间，如梯形的景观地形、座椅、种植池和平台等。

景观"地毯"向上方延伸，形成一个个有趣的休息平台空间，与当地种植相结合，体现出这个场地曾经是一片沼泽地的历史风貌。

景观平台巧妙地与种植池相结合，种植池下方设有过滤的碎石带，这样使多余浇灌的水分在过滤后流入整个项目的雨水系统。植被的类型为非常耐旱的当地植物，如柠檬桉以及当地的灌木与地被植物。

景观"地毯"铺地采用南北向的花岗岩条石、青石与两种不同色调的石材，形成一个精美的马赛克拼花的图案，通过铺地的图案进一步烘托强烈的建筑表情。

景观"地毯"还巧妙地将灯光以及排水系统综合到这个元素之中，使得场地更加干净协调。

ASPECT Studios was responsible for the design to 717 Bourke Street public realm areas on ground floor, level 4 podium and connection to ground floor areas and bridge connection to Southern Cross Station, level 5 podium areas and connections to level 4 and private courtyards on level 4.

The design of 717 Bourke Street sits within our practice's recent explorations into the inner city. It seeks to create a dialogue with the building, while not losing touch with the need to reveal warmth, niches, and unpredictable spaces.

The external podium landscapes at 717 Bourke Street were conceived around facilitating increased pedestrian permeability and activation between Melbourne's CBD and the predominantly isolated Docklands precinct.

The design concept looked to seamlessly integrate these podium landscapes with the imposing architectural façade and enveloping canopy form to create a topographical carpet that spreads outwards from the building, blurring the interface between public and private, active and passive, building and 'landscape'.

Wanting to remove the typical 90 degree relationship with landscape and the building ASPECT created a language of tectonic landscape forms, made of ramps, seats, garden beds and decks.

The platforms conceal irrigated podium planter boxes connected into the building's stormwater recycling system that contain copses of drought tolerant Banksia and small Eucalypts with under plantings of native grasses and strappy shrubs

The carpet itself consists of defined bands of stone paving oriented north-south - granite, bluestone, and two colour variations of splitstone – which are broken down into a geometric mosaic pattern to enhance the architectural façade articulation.

External lighting and custom drainage strips were also able to be hidden within this build-up at interfaces of paving bands to eliminate the need for drainage grates / pits.

意大利弗罗西诺内市的感官花园

Sensational

Garden, Frosinone, Italy

项目信息

客户：弗罗西诺内市政府
设计单位：NABITO ARCHITECTS & PARTNERS
占地面积：1 370 m^2
设计地点：意大利弗罗西诺内市

Project Information

Client : Frosinone' s Municipality
Design Company : NABITO ARCHITECTS & PARTNERS
Area : 1,370 m^2
Location : Frosinone , Italy

第一个公共空间在意大利弗罗西诺内市的Corso Lazio附近落成，这是一个人们早在35年前就期待完成的项目。

感官花园是项目总体规划的一个起点，它可以融合公共空间和社区服务。由于缺乏公共空间使得整个地块的环境质量大大下降，这里的居住区成了宿舍，这也是设计这个花园的原因之一。这个花园就像一个在公共空间里的私人大客厅，这个能够让人感受到震撼、愉悦、充满游戏性和亲密感的空间扩大了附近居民的人际交往范围。

使用者和市民都能在这个花园里再一次找到生活的快乐与关爱并且相互了解，使人们在社区里舒适地生活。这个公园也提升了该城市该地区的社会生活可持续性。

设计该项目的目标就是让花园的使用者能够在游园的时候有步移景异的感受。在这里你能发现同种设计风格的不同空间。人的五种感官是这个空间的设计主题。材料和植被都是为主题服务的。游客虽然不能对整个园区的景观一览无余但是可以在游园的过程中感受到不同的体验。

我们所使用的感官的概念是个比喻。我们运用感官这个概念就是希望人们与周围环境以及其他人联系起来。

每个区域都可以比喻为五种感官中的其中一种，这样可以使人们融入到这个空间里。通过小路去探索发现园区的特色，让人慢慢了解这里，并且能吸引和鼓励他继续体验。

这五大园区设施包含了设计本意和如诗般的比喻。小径是他们之间的连接。嗅觉来自带有香薰气味的植物，听觉来自游戏声音的扩散，视觉来自美丽的玫瑰园，触觉来自中央锥形造园所用的材料，味觉是来自于果树的诱惑。

这个园区混合使用了包括树木，灌木和花卉这些来自大自然的精华和包括水泥和树脂这样的人造材料。这种设计使花园便于养护同时也在一定的时期里持久耐用。

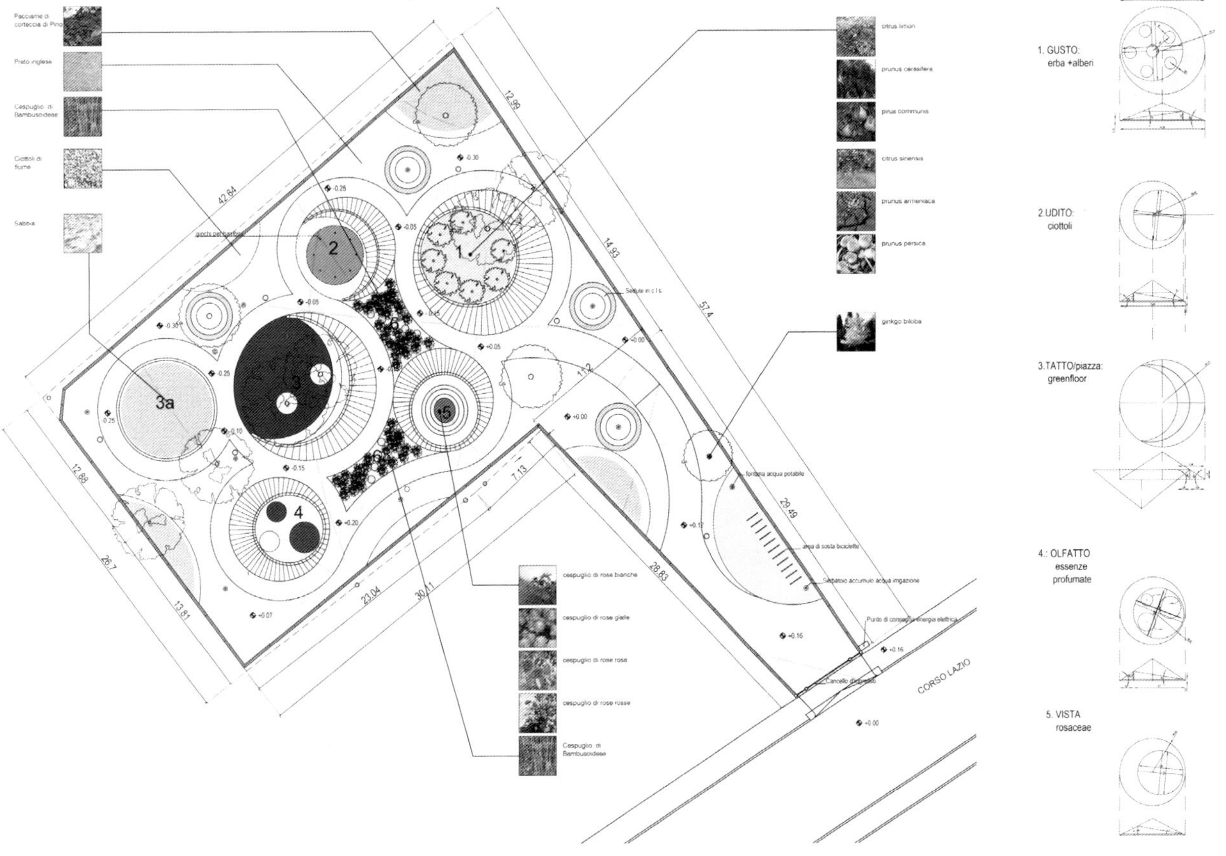

Plan
平面图

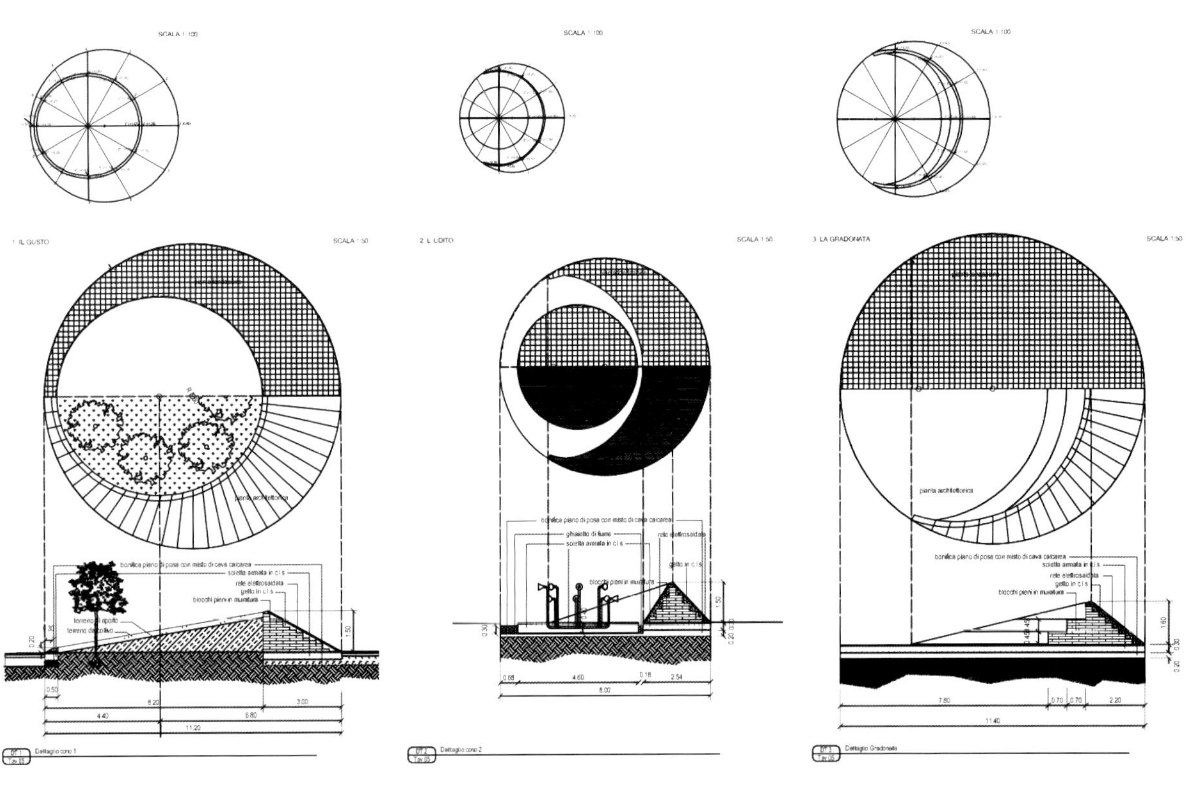

Section 1
剖面图 1

Section 2
剖面图 2

Section 3
剖面图 3

The neighbourhood of Corso Lazio, in the city Of Frosinone, Italy, finally could enjoy its first public space , expected to be ready 35 years ago.
Sensational Garden represents the starting point of a big master-plan to renew and integrate the public spaces and the services to the housing neighbourhood.
This lack of public spaces generate an absolute degrade of the entire area, and the neighbourhood has become an unsustainable dormitory. For this reason the project for the sensational garden amplify the idea of a relational space filling the social void with an explosive, playfull, sensorial and interactive intimate room, like a personal living room in a public realm. The garden is constantly in tension between artificial and natural elements.
A garden in which users could find the joy of live, love and know each others again and make their selves comfortable with the entire neighbourhood renewing the social sustainability of this site of the city.
The Goal Of the project is to invite users to a path in which scene are always changing.
You will have the sensation to discover always different spaces but with the same kind of characteristics. The five human senses are the main theme of the space; the material and the vegetation will be related to them .The user will not have an entire look over the park, but he will do a series of different experiences.
We use the senses as a big metaphor. We use senses to relate ourselves with surroundings and other people.
Each area is a metaphor of one of the five human senses, The path is a discovery, and it was designed to leave the spaces be revealed to a visitor little by little, so to induce and encourage to continue the experience.
Five Big Devices contain the essence and the poetry of the metaphor. And a path is the link between them. The smell is attracted by the support of the essences, the hearing from the game sound amplification, the view from the beautiful rose garden, and you can feel the materials of the central cone, the taste is stimulated by fruit trees in the largest support.
The balanced blend of natural essences (trees, shrubs and flowers) and the artificial elements (cement and resin) make the garden easy to maintain a at the same time durable and mutable during the time.

再现赖特

Reproducing

Wright

v

Project Information

项目名称：中海 · 御景熙岸
设计单位：道润国际（上海）设计有限公司
设计师：谭子荣　姜宁　刘明远
占地面积：12 ha
项目地点：上海

Project Name: Zhonghai · Yujingxi'an
Design Company : Dorun (Shanghai) Design Landscape International
Designers : Tan Zirong, Jiang Ning, Liu Mingyuan
Land Area : 12 ha
Site : Shanghai

1．设计风格

在造景手法上，秉承赖特的设计理念，凸显有机景观特色。

在结构形式上，注重线条自信而阳刚的表现，以及平面的自由分隔。在细部，充分挖掘并利用赖特景观设计元素，注重赖特景观设计元素的纯粹性以及比例与尺度的协调感。同时注重对建筑的理解，包括外立面材料的质感、色彩和比例关系。强调宅间景观与建筑的和谐呼应。

2．景观特色

（1）流动的景观系统

方案摒弃了惯用的组团绿地、中心绿地的概念，取而代之的是流动的景观系统。以东西向为主要景观带动轴，利用渗透学原理，景观由两侧渗透而入，逐渐流入整个区域，犹如血液循环系统，由主动脉起，逐渐分支到支动脉直至毛细血管，整个系统浑然一体，联系紧密，形成一个完整的、统一的景观体系。

（2）景观的渗透

景观由东西两个方向逐步向区域内部渗透。一条东西向景观主轴贯穿整个区域，同时联系多个景观节点，并与南北向的多条景观次轴垂直相交，提供便捷的景观步行系统。景观轴线带设计了多个景观节点，创造多个的景观主题，南北向景观轴线接纳两岸水色绿意，最大化地利用了景观资源。

3．交通流线

以相互垂直、阳刚的线条为主要交通流线；通过竖向的变化，建立自然的空间分隔。

中心景观区域道路设置为步行系统，在主要的出入口和景观节点处设计3~4 m的步行道路，其余都以1~2 m的小步道连接各个节点，使绿化面积最大化。

整体景观设计：位于南面的主入口处，首先映入眼帘的是一块景石，与植物相互映衬，融为一体。内部设置小巧精致的跌水雕塑，与正前方赖特风格的景观亭和廊架相得益彰，并形成一条景观轴。赖特风格的景观亭位于东西景观主轴和南北景观轴的交叉点上，形成景观区域的中心。开阔的景观视野、潺潺流动的涌泉、错落有致的花池、生动活泼的游嬉空间，整个景观空间结构放松且丰富，功能合理，主次分明，张弛有度，在立面处理上更是将赖特设计元素运用到了极致，景观与周围建筑相辅相成，浑然一体。

建筑应该在大自然里生长，大自然应该在建筑中溢出。水，似乎已是高端物业永恒的话题。中海将有机建筑的理念充分融入到御景熙岸设计的每一个细节，更注重创造与基地相适应的建筑，将水、台地、绿化和建筑外形融合在一体，并注重其内部功能的可持续性。

秉承地脉三面水系环绕的特点，中海 · 御景熙岸在社区内特别设计了2 000 m^2左右的水面面积，并在小区内引入天然的水脉，将活水引入社区。在这里，水与建筑相互映衬，更与生活相融，地块的南、西、北侧均为景观河道，结合水景设置漫步道、亲水平台、休憩场地、埠头、绿地、小广场、栏杆、座椅、小品等，呈现出一种亲水、低密度的美好生活意境。

带你走进南意大利托斯卡纳风

Take You

into the Southern Italy Tuscany Wind

项目信息

项目名称：嘉兴湘府尊邸
设计单位：上海国安园林景观建设有限公司
设计师：刘晔
占地面积：38 000 m^2
项目地点：嘉兴

Project Information

Project Name: Jiaxing Noble Xiang Mansion
Design Company : Shanghai Guoan landscape Co.,Ltd.
Designer : Liu Ye
Area : 38,000 m^2
Site : Jiaxing

本案区域位置：嘉兴湘府尊邸地处嘉兴市中心东北部区域，紧邻G320国道，交通十分方便。项目位于嘉兴市湘家荡休闲度假区的核心地块，周边为度假性质的住宅、酒店、商业、公园及相关配套设施，地块价值极高。

设计目标：满足周围环境需要，改善该区域小气候，提升该地块及小区的附加值,形成古典意大利风格的高档小区绿化；以人为本、设计实用的绿化景观，植物配置合理，改善该区域生态环境。

设计风格：本小区景观设计在风格上的定位为南意大利托斯卡纳风。与常见的简欧风有所不同，细部修饰上力求做到经典纯粹，原汁原味，不落俗套。这对设计师的风格鉴赏能力是一大考验。针对这一情况，我们决定从建筑设计方面汲取灵感，经查阅大量相关资料，将风格锁定为装饰味浓郁、自身特点鲜明的巴洛克、洛可可风格，运用铁艺的纹饰、水景墙、围墙的压顶角线，以及浮雕图案部分，以求整体效果和谐统一。

整体布局：本案整体布局区别于传统规则式布局，突出轴线，重视水景的处理。入口处的LOGO水景墙、轴线中部的采光井及跌水景观，加之两侧的兽首水景，使整条中轴线充满了水的灵动与韵律。装饰味极强的模纹花坛，配合尽端古典味浓郁的罗马廊架及彩色琉璃景观亭，让人仿佛置身于南欧托斯卡纳庄园之中。

景观细节设计：单兽首与双兽首喷水景墙的结构比较复杂，小小的一片景墙，包含三种贴面做法：干挂花岗岩、湿贴花岗岩以及结构设凹槽并加铜丝固定大块面石材。双兽首喷水景墙在平面上是圆弧形的，在立面上有大半是弧形的，双向弧形的格局不但给土建、结构设计带来了不少麻烦，也给石材加工带来了极大的挑战。通过我们的精确设计、石材供应商的精细加工及现场施工人员的精心操作，兽首喷水景墙成为了景观大道的亮点。

设计立意：从小区的定位中提炼出尊贵、古典、纯正、气派、奢华 、舒适等关键词进行深化。尊：皇家气度，借景观主轴的尊贵古典、大气灵动，使人身处其中，全身心感受到小区整体形象所要表达的王者之尊、不失内敛的稳重与成熟的特色。嘉：体现人们享受纯正精致的生活态度，在高点俯瞰优越感，营造高品质的小区，将社会精英的成就感具象化。邸：闲看庭前花开花落、于曲径通幽处漫步回家。宁静的景观空间造就了家的舒适，人车分流形成的全无车马之喧，在这里享受家邸港湾带来的舒适宁静。

夜色阑珊 嘉兴璀璨

The Night

waned, Jiaxing brighted

项目信息

项目名称：嘉兴南湖区市民公园

设计单位：杭州林道景观设计咨询有限公司

总设计面积：88 590 m^2

项目地点：嘉兴南湖区凌公塘路与中环东路交叉口

灯光设计：杭州巍巍照明

雕塑设计：陈枫工作室

Project Information

Project Name: People's Park of Jiaxing South Lake District

Design Company : Hangzhou Lindao Landscape Design and Consulting Ltd.,Co.

Land Area : 88,590 m^2

Site : The intersection of East Central Ring Road and Linggongtang Road in South Lake District, Jiaxing

Lighting : Hangzhou Weiwei Lighting Co.,Ltd.

Sculpture : Chengfeng Design Studio

项目背景

嘉兴南湖区政府正南地块的南湖市民公园，作为凌公塘生态景观区的开篇，区政府希望通过公园设计摆脱旧有的政府广场呆板的印象，营造出大气、宽阔、轻松、和谐的氛围。让南湖的居民和客人都能感受到新区的绿色、自然、生态，并充满人性关怀。

主题构思

如果将南湖新区比喻成一个和谐的大家庭，那么凌公塘路的城市公园就是城市客厅，是供大家休闲、娱乐、交流、活动的巨大场所，也成为来南湖新区做客的人们逗留、游览、休憩之地，由此表达南湖新区的大度、好客与热情，充分展示了南湖新区开放、发展的精神。

规划布局及设计方案

公园分为三部分：中央迎宾景观中轴广场、东西两侧绿地休闲公园及滨河绿地。景观中轴在一片整洁、静溢的水面中展开，白天的水面倒映着天空和景观柱，夜间水面的121个喷头结合四周的水雾上演一幕幕水景灯光秀，是夜间人们视觉的焦点。8根大理石云纹图案的方形柱子成为市民公园的视觉中心，4块18×18 m的大型地面浮雕记载了嘉兴南湖的历史和人文地脉。中轴两侧的阵列树池，造型沉稳大气，与广场的水景、柱饰相呼应，营造出完美温馨的意境。

东西两侧的休闲绿地公园，犹如两块大的绿色地毯，两侧的挡石形成可供休息的座凳。5个趣味活动场地像花瓣一样散落在特殊设计的草地上，分别为晨练舞蹈广场、器械活动广场、下沉戏迷广场、儿童沙坑活动广场、青少年极限活动广场。不同年龄层次的人群都能在这里找到适合自己的活动空间。

设计细节与特点

为了使广场入口水景美观且易于维护，设计采用抬高无边式水景设计。水景边缘至中间喷泉部分深度依次变深，既可以减少水量，又能保证喷泉的效果。

广场的8根景观柱采用中国印章式造型进行设计，选用的是优质汉白玉大理石。云纹浮雕增强了表面的立体感。柱顶内斜排水的方法使柱身免受水渍的侵蚀，在照明设计师和景观设计师的协力合作下，柱基黑色花岗石四周采用倒角处理。不仅使灯光投向柱身达到最佳投射角，还使灯具得到保护。中轴景观灯光热烈，气势磅礴。5个趣味活动场地及周边休闲景观带的灯光设计各有特色，健身活动广场采用LED变色投射灯，带来舞池般的灯光变化效果。极限活动场地照明如同白昼，光纤灯设置在周边休闲景观带毛石彻筑的墙体上，星星点点如萤火虫一般，营造出浪漫而神秘的氛围。

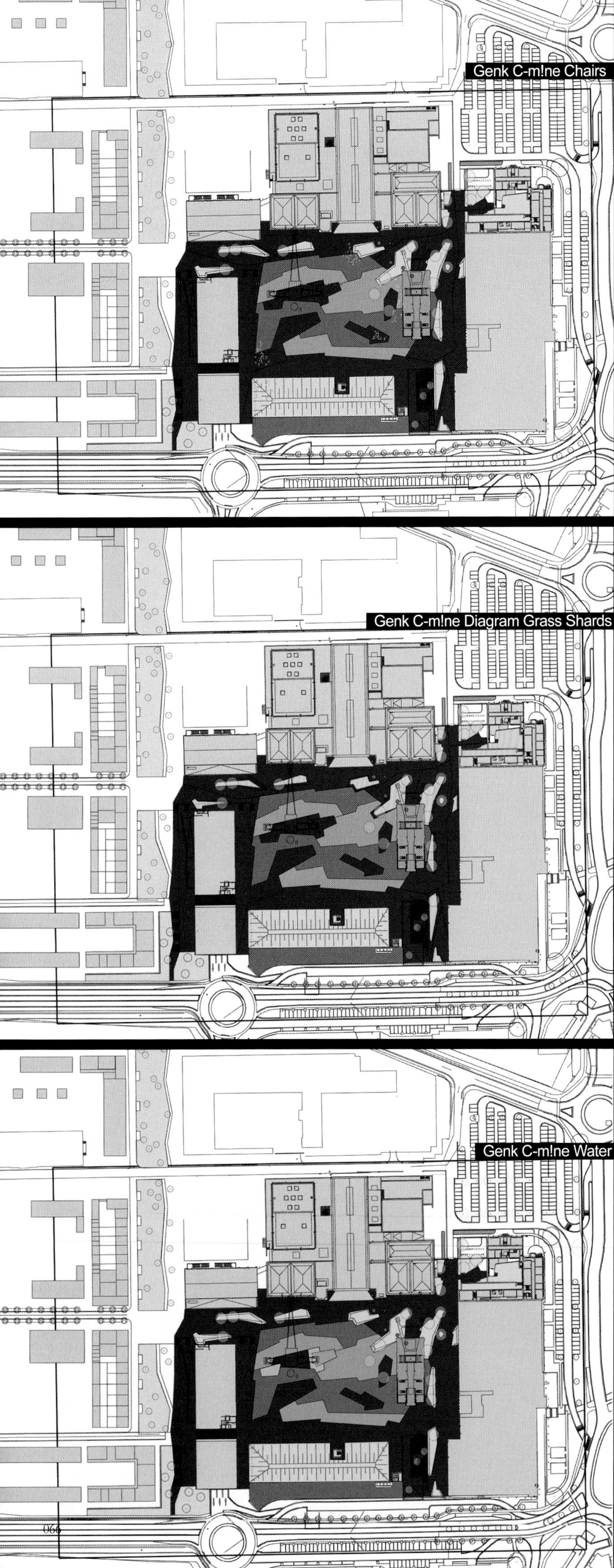

根特 C-M!ne

Genk

C-M!ne

项目信息

设计单位：Hosper
合作单位：ARA Atelier Ruimtelijk Advies, Carmela Bogman industrial design
设计师：Hanneke Kijne, Petrouschka Thumann, Marike Oudijk, Remco Rolvink, Ronald Bron, Hilke Floris, Han Konings
占地面积：0.5 m^2
项目地点：比利时 根特

Project Information

Design Unit : Hosper
Partners : ARA Atelier Ruimtelijk Advies, Carmela Bogman industrial design
Designers : Hanneke Kijne, Petrouschka Thumann, Marike Oudijk, Remco Rolvink, Ronald Bron, Hilke Floris, Han Konings
Area : 0.5 m^2
Location : Genk, Belgium

绝佳的开放空间

C-M!ne广场所在的位置之前是一个煤矿。它是根特市新文化中心的中央开放空间，是集文化、创意、设计和娱乐功能为一体的城市广场。广场周围的建筑物以前都是矿业大楼，现在经过装修和改建，成为了具有大剧院、电影院、餐馆和新建的根特设计学院功能的文化建筑。

广场的设计与周围的建筑交相呼应，创造出各种空间奇观。这个广场是一个绝佳的开放空间，在广场上可以开展各种各样的活动，同时也起到了其作为根特文化中心的作用。

这个设计的无障碍广场可用于开展丰富多彩的活动。当在广场上举行很多活动并吸引很多游客来参加的时候，这个广场将会变得更加生动和精彩，即使在游客相对较少、广场上没有活动的时候，这个广场仍然是一个与众不同的地方。

建筑采用砖材质，而广场地面则采用不同大小的黑色石灰石拼铺而成。黑色的石灰石是指矿山中的“黑金”。铺地的设计元素中还包括地面照明、人造薄雾和可移动的座椅。

广场的夜景壮观迷人，四周建筑的外立面以及采矿轴塔都被灯光照亮。

Space for the spectacular!

The C-M!ne square, situated on a former coalmining site, is the central open space of the new cultural centre of Genk. It will become an urban square with a cultural, creative, design and recreational function. Most of the buildings around the square are former mining buildings, renovated and transformed into buildings with a cultural program; a large theatre, a cinema, restaurants and the (newly built) design academy of Genk.

The design of the square interacts with the surrounding buildings and will facilitate and create space for all sorts of spectacle. The square makes a spectacular open space; the events and activities planned on the square enhance the square as the cultural heart of Genk.

An obstacle-free surface ensures that the square can be used for a wide variety of purposes. Of course, at times of activities and a large numbers of visitors the square will be lively and marvellous. However, it will remain a very special square even when there are fewer visitors, no activities and the surrounding buildings are outside normal opening hours.

The square is paved with black limestone slabs of different sizes and laid in an informal pattern. The black limestone refers to the “black gold” from the mines. The paving includes lighting in the surface as well as the possibility for a water surface, the creation of mist just above the surface and removable seating.

A great deal of attention is given to the night-time appearance of the square, with lighting illuminating the surrounding facades and the mining shaft towers.

中国画之山、水、学、林

Chinese

Paintings of Mountains, Water, Knowledge and Forestry

项目信息

项目名称：山东省委党校新校区景观设计
设计单位：济南园林集团景观设计（研究院）有限公司
设 计 师：刘飞 白红伟 李海龙 仲丽娜 麻艳华
占地面积：总用地面积29.6 ha，总绿化面积175 000 m^2
项目地点：济南市历城区彩石镇

Project Information

Project Name: Landscape Design of the New Campus of Shandong Provincial Party School
Design Company : Jinan Landscape Architecture Group Design Co., Ltd
Designers: Liu Fei, Bai Hongwei, Li hailong, Zhong Lina, Ma Yanhua
Area : 29.6 ha of gross land area and 175,000 m^2 of total green area
Site : Caishi Town in Licheng District, Jinan City

设计构思

利用多种园林手法，体现党校特有文化氛围。南北中轴线简洁明朗，彰显大气庄重的校园空间氛围。风景轴线，利用远山近水，形成生态景观脉络，使自然山水与学校融为一体。创造多层次的学习、讨论、游憩空间，营造浓郁的书院氛围，为师生提供工作、学习和生活空间。

设计主题

山——依葳蕤之青山

水——揽碧泓之清水

学——扬党校之精神

林——享绿林之美景

山水空间的塑造，贵在聚分，迎合中国传统“风水”观，“背山临水”“藏风聚水”之说，校园核心部分位于向北延伸的山麓，引水入园，形成“聚气之穴”、山水格局。汲取中国古典园林的造园手法，创造出自由、诗意、田园化的校园环境。

景观结构

“一轴、一带、五区、七节点”的景观格局。一轴：南北景观轴。一带：山水风景带。五区：大门入口区、教学办公区、学员宿舍区、教师生活区、体育运动区。七节点：饮水思源、和曲谐声、金声掷地、层峦远望、岁月流金、锦绣湖山、满园生辉。

详细设计

1. 一期景观设计

分为入口区、升旗广场区、纪念广场区三部分。作为党校的标志性入口，大门宽度设计为20 m，放置刻有“中共山东省委党校”字样的大型泰山石，石边苍松傲然、古柏苍翠、松石相映。

位于会堂与学术交流中心之间，设计为升旗广场，采用通透不失围合的设计手法，以8 x 8 m的汉白玉升旗台为中心，两侧以雪松列植，突出中心景观轴线，并在建筑楼角点植胸径40 cm以上的国槐和皂角，体现百年学府的气概。

纪念广场是南北景观轴线上的视觉中心，也是整条轴线的第一个台地，高差3.5 m，利用大块自然山石掇山置石，结合藤本植物，形成绿色掩映的自然石墙，并配置白蜡等造型优美的树种，形成自然盆景的效果。

中心水区的面积约7 015 m^2，根据高差变化划分为两个水面，通过3级叠水处理4.5 m高差，驳岸通过分层垒石种植的方式，处理水面与岸边4.3 m的高差。临水广场位于水面南端，也位于整条南北中心景观轴线上，是综合楼北较开阔的广场区域，宽约55 m，广场两侧顺势而下，可以到达下面一层的亲水广场。

2. 二期景观设计

主体为自然流淌的水溪景观，高差21 m，面积约6 820 m^2，设计水深0.7 m，驳岸设计以自然石结合种植为主，局部直接采用种植、浮箱、盆栽植物的形式，形成花溪的湿地景观，并结合景观需要设计石滩及亲水平台等。水系要“疏水之去由，察源之来历”，利用园林中掇山理水的手法，将水源设计为山石叠水的形式，与周围山体融为一体。由源头通过6级叠水流到二期学生宿舍区域，水以各种姿态在这里活跃着。

种植设计

总种植设计常绿树与落叶树的比例为1：3，乔木与灌木比例为7：3，针叶树与阔叶树比例为1：3。种植设计形成区块特点，分为花园式配置区、片林区和以植物区分的特色道路。营造车在林中行、人在画中游的特色景观。

铺装、小品

广场铺装多采用规格较大的石材嵌草的形式，路沿石、花池壁设计均以大规格的石材和较大倒角圆角，体现庄重大气的效果；园路及小空间多采用透水砖、石材、卵石、防腐木等多种材料相结合的形式，并通过线刻、机耕、剁斧等各种手法，体现精致细腻的效果；园林建筑小品设计与党校主体建筑风格保持一致，体现出典雅厚重的建筑风格和朴素自然的文化内涵。

水月云天，诗意人间——山水比德，大一山庄

Romantic

Scenery and Poetic World——Landscape Bide, Dayi Village

项目信息

客户：广东中力投资有限公司
设计单位：广州山水比德景观设计有限公司
景观面积：118 000 m²
规划面积：184 000 m²

Project Information

Client : Guangdong Zhongli Investment Limited Co.,Ltd.
Design Company : GuangZhouShanShuiBiDe Landscape Design Limited Company
Landscaping Area : 118,000 m^2
Planning Area : 184,000 m^2

HOW || 将"理性美学"作矩

在方案概念提交之前，根据项目具体情况以及甲方的需求等，我们便已提出了整个项目的设计原则，及从理性与美学双重层面设计：

前瞻性原则：基于现状、高起点、高标准，力求自然与艺术的统一、环境与人文的统一。

生态可持续发展原则，应考虑协调当前与未来的平衡，正确处理自然资源保护与开发建设的关系，科学规划、合理布局。

独特性与人文性相结合的原则，以艺术化、文学化、心灵化、自然生态化，使园林渗透、充盈着诗意与文心，从有限的建筑传达出抒情的无限想象。

以人为本原则，即强调不同层次、不同年龄阶段人群的参与性、与水的亲和性、休闲性与娱乐性。

WHY || 执意于"诗意栖居"

"人应该诗意地活在这片土地上，这是人类的一种追求，一种理想。"17世纪的数学家、物理学家布莱兹·帕斯卡尔就曾坚定地如是提出。

诗意三层包括：诗情画意，流露其外；含蓄其中，逗人赋诗；沉耽其中，忘乎所以。在设计工作的实践层面，我们立足第一层次，要求比德出品必有诗意流露，犹如画意其中；然后努力实现第二层次，即赋景观以诗意引力，人置于其中，必有作诗冲动，我们认为每个人心中都有一位诗人，关键在于外界引力是否到临界点；最后，我们冲刺第三层次，人过境之时，忘乎所以，以至于流连忘返，诗情也罢，作诗冲动也罢，都已抛之脑后，神随景动，一切恍惚。

而此番大一山庄，便是山水比德在诗意上的最高层次追求的集中体现。"

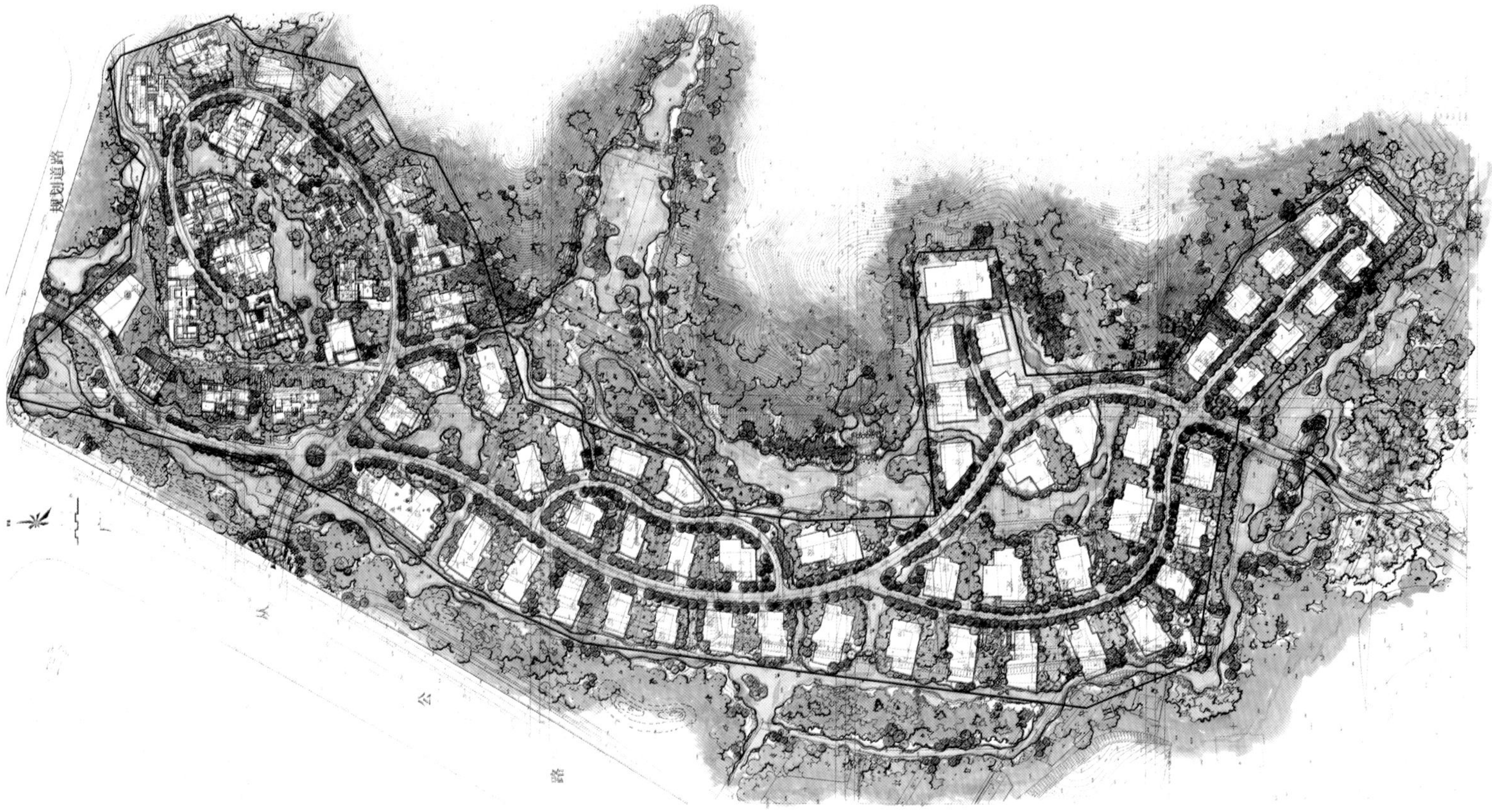

绿茵景园工程有限公司

Evergreen Landscape Engineering Co.,Ltd.

成都 · 北京 · 上海 · 重庆
CHENGDU BEIJING SHANGHAI CHONGQING

Achievements Starting from Perseverance, Quality Originating from Profession

成就始于执著，品质源于专业

绿茵景园工程有限公司作为中国境内专业从事环境景观工程设计与施工的企业，以卓越的专业品质取得了风景园林设计乙级和国家二级城市园林绿化资质，入选园林绿化协会会员单位，《中国园林》《景观设计》的理事单位，多年蝉联最佳园林景观企业，2008 年跻身于中国景观建筑 100 强企业之列，现已发展成为中国一流的景观设计、施工营造单位。1998 年，绿茵景园开始创业历程，这个充满无限生机和活力的团队经过十多年的拼搏发展，先后在成都、北京、重庆、上海成立四家公司，项目遍布四川、贵州、云南、陕西、山东、山西、安徽、福建、新疆、北京、重庆、上海、天津等省、市，现已在国内完成各类大中型设计施工项目 1000 余项，设计年产值超过 6000 万元，施工年产值超过 25000 万元，由绿茵景园设计和施工的项目精品佳作不断，在业界好评如潮。

绿茵景园

CELEC

成都高新区永丰路 20 号黄金时代 2 号楼 2F/3F
电话：028-85142661 85142665 85142667
传真：028-85195002
中国绿茵景园网 www.chinacelec.com
E-mail：cdcelec@vip.163.com

服务内容：
风景旅游区景观规划设计
中高密度居住社区景观规划设计
度假别墅区景观规划设计
中密度居住社区景观规划设计
商务空间景观规划设计
市政景观规划设计
综合性公园景观规划设计
城市空间景观规划设计
娱乐空间景观设计
工业景观规划设计

朗棋意景

京朗棋意景景观设计有限公司

司大事记

8年：武汉格林春岸项目荣获2009年度中国住宅类景观设计金奖。

9年：联合加拿大 DGBK 设计集团，成立 D+L DESIGN GROUP设计联合体。

0年：接受柬埔寨金边政府委托，为金边总理府市政厅广场及金边万古湖综合体进行景观设计，并联合中国建筑设计研究院建筑历史研究所对北故亭国家遗址进行保护性的规划设计。

1年：河北固安未来城市展馆项目经中国人居范例评审委员会评审，获景观设计方案金奖。

三亚中铁月川项目经中国人居范例评审委员会评审，获景观设计方案金奖。

银川兴庆府大院项目入编《中国创意——中国建筑创意大观》。

2年：朗棋意景荣获中国建设文化艺术协会环境艺术委员会常务理事单位。

朗棋意景设计总监李雪涛荣任中国建设文化艺术协会环境艺术委员会常务理事。

朗棋意景按《环境艺术企业等级管理办法》要求，评定环境艺术设计乙级设计资质。

宁夏民生地产
银川兴庆府大院项目实景照片

国安景观，品质成就卓越！

上海国安园林景观建设有限公司成立于1998年，拥有城市园林绿化施工一级、风景园林设计乙级和绿化养护资质，公司注册资本6000万元，现有员工1000余人。国安景观，始终致力于园林景观规划设计与施工，已累计承建完成全国各区域园林景观设计、施工项目130余项。

业务范围：

· 园林景观规划设计

· 园林景观工程

和谐景观尽在完美细节

——专访深圳禾力美景规划与景观工程设计有限公司董事长 袁凌

Perfect Details Realizing the Harmonious Landscape

—Interviewing with Yuanling, President of Shenzhen WLK International Landscape Planning & Engineering Co.,Ltd.

袁 凌
深圳禾力美景规划与景观工程设计有限公司设计总监
深圳市政府专家组成员
主持完成国内多项大中型主题公园，城市景观和住宅景观项目
在国内第一流学术杂志上发表多篇学术论文
作为访问学者出访美国、澳大利亚、新西兰、日本等多个国家

Yuan Ling
Chairman of Shenzhen WLK International Landscape Planning & Engineering Co.,Ltd
Member of the Expert Committee of the Shenzhen Municipal GovernmentAchieved many achievements in the field of urban landscape designDesigned a number of projects relating to large and medium-sized domestic main theme parks as well as urban and residential landscape Published many papers in the domestic first-class academic journals Visited the United States, Australia, New Zealand, Japan and other countries as a visiting scholar

第五园
The Fifth

COL：景观设计行业繁荣伊始，人性化设计就成为所有设计方案文本中必须的字眼，那么在从事过程中，您对人性化设计的理解有没有变化？

袁凌：景观设计首先是满足功能要求，然后才是美的追求，而满足功能是以人的使用为出发点，人性化设计是我二十余年的设计生涯中首先要遵循的原则。随着社会的进步、文明程度的提升，人们对于大众的社会人文关怀也逐渐注重，这就使得人性化设计不仅仅是一个噱头。

COL：您认为景观设计所需要体现的社会关怀包括哪些方面？这些方面和您的工作以及当下市场化的社会实情有没有冲突？

袁凌：现今的景观设计已经不再像中国古典园林艺术那样仅仅为上层社会服务，现在景观设计为普通大众服务，甚至对于底层社会弱势群体应予以倾斜，为城中村、原住民聚集场所、违建群聚场所的生活条件改善尽到社会责任。所以景观设计不能被动的进入到社会改变中，而应参与到城市规划决策中，与官员、规划师、其他专业设计师共同努力。社会发展过程造成的不平衡问题，需要市民、知识界、社会力量、政府官员的共同努力、共同解决。同样，社会发展过程中产生的弱势群体同样需要各方的社会关怀。如果将景观设计放置到这样一个高度，问题就不再是景观设计应该体现的社会关怀是什么了，而是景观设计行业本身就是社会关怀的一部分。但达到这样的程度仍需一段路要走。

东部华侨城
OCT East

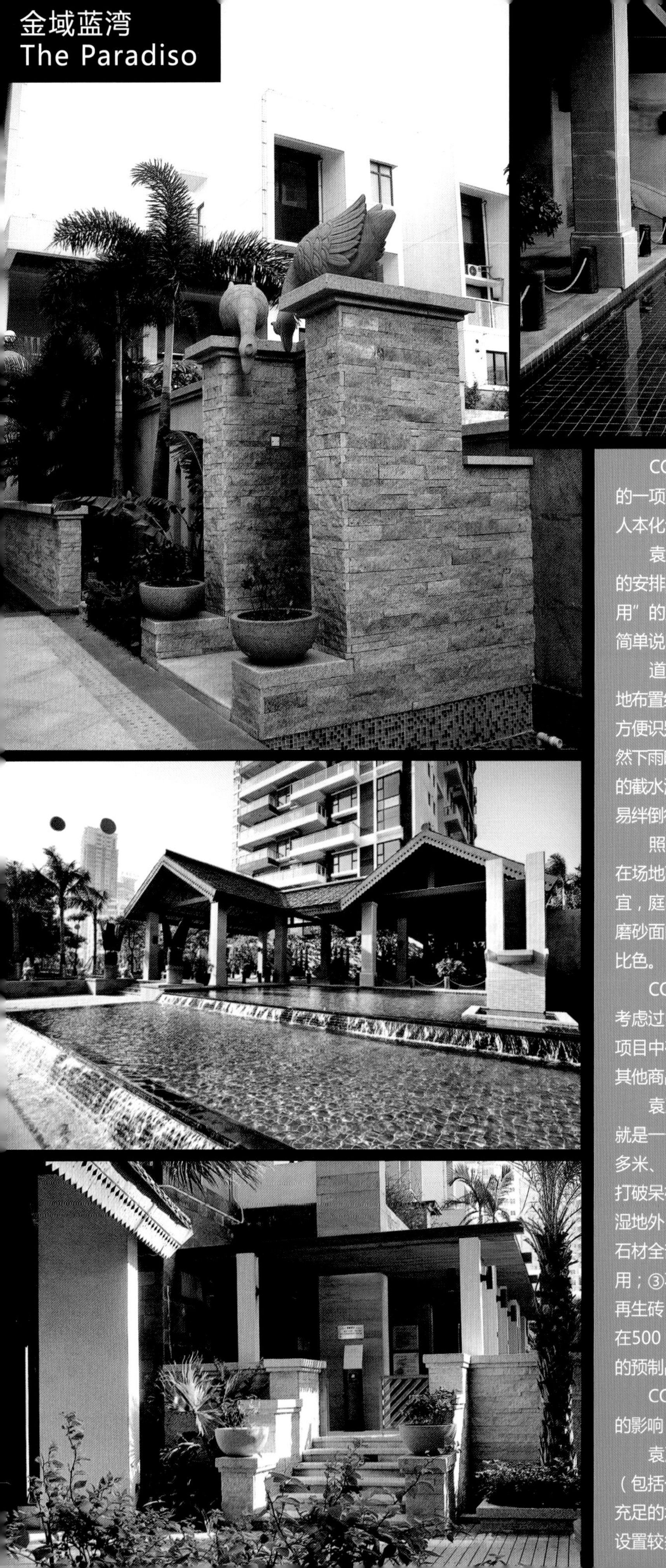

COL：从某种意义上来说，关注景观设计的细节是关注人本化的一项重要内容，在您的案例中有相关的体现吗？或者您所认可的人本化设计是什么样的？可否提供相关的图片？

袁凌：景观设计细节是体现人性化的重要方面。景观空间序列的安排是功能组织的结果，而景观细部才是影响这个场地“好不好用”的重要因素。这里就选择道路系统和照明标识系统两方面进行简单说明。

道路系统——注意人车分流，在满足通行功能的前提下尽量多地布置绿色植物，营造安全舒适绿色的回家通道。道路系统清晰化，方便识别哪里是回家通道，哪里是游玩道路。尽量采用透水材料，不然下雨时容易积水，弄湿鞋子。草坡与道路交接处应做卵石收边或暗的截水沟，以防下大雨时将泥土冲到道路上。不能设置一级台阶，容易绊倒行人，若无法避免应采用不同材料明显区别，以提醒行人。

照明、标识系统——庭院灯的间距应满足夜间照明需求，且在场地高差丰富、路况复杂地段加强照明，庭院灯高度3.5～4 m为宜，庭院灯不宜直射路人，应以漫射光的形式存在，地埋灯应采用磨砂面的灯罩。标识系统字体大小应考虑视线的距离，色彩采用对比色。

COL：当下大的社会背景之下，贫富差距增大，景观设计是否考虑过中低收入群体的实际需要，或者在一些项目中，特别是市政项目中有没有表现？居住区景观设计中，保障性住房的景观设计和其他商品房的设计手法、思路有没有不同？

袁凌：我们公司今年刚刚完成设计的深圳万科龙华租屋项目，就是一个保障性住房项目。项目中建筑布局较为呆板，形成长300多米、宽70多米的狭长空间。我们在景观设计中采用曲线构图，打破呆板的空间形态。在设计理念上推行绿色节能设计：①除人工湿地外，小区内不设计水景，降低后期维护成本；②将现场开挖的石材全部运用在景观中，作为铺装材料、踏步台阶、景石、骨料使用；③不大面积地使用花岗岩材料，多数为混凝土制品、透水砖、再生砖；④场地内，70%的树种和植物的产地，距场地的运输距离在500 km以内，采用乡土树种；⑤将工业化住宅模块生产过程中的预制品作为景观小品或灯具。

COL：在景观设计中，是否考虑过老龄化社会为景观设计带来的影响？在工作中又有什么体现？

袁凌：老龄化问题是全社会都需要面临的问题，对景观设计中（包括公园和居住区景观设计），应为老人活动、健身、交流提供充足的场所空间。另外，在景观细节上考虑老人行动的不便，不能设置较多高差、台阶影响通行，多考虑休憩设施、交流广场。

珠江花城
Zhujiang Flower City

松山湖
Songshan Lake

半岛龙湾
Bandao Longwan

欢乐谷
Happy Valley

人与自然走进创造美的事业

——专访济南园林集团景观设计（研究院）有限公司院长 刘飞

Man and Nature **Building the Beauty** Creating Career Together

—Interviewing with Liu Fei, President of Jinan Landscape Architecture Group Design Co.,Ltd.

刘 飞

山东济南人。北京林业大学园林学士，山东大学建筑学硕士。济南园林集团景观设计（研究院）有限公司院长兼济南市园林规划设计研究院副院长。

Liu Fei

Birthplace: Jinan, Shandong.
Bachelor degree of gardening of Beijing Forestry University,Master degree of Architecture of Shandong University.
President of Jinan Landscape Architecture Group Design Co.,Ltd and the vice dean of Jinan Landscape Planning and Design Research Institute.

COL：景观设计行业繁荣伊始，人性化设计就成为所谓设计方案文本中必须的字眼，那么在从事过程中，您对人性化设计的理解有没有变化？

刘飞：“人性化”的设计几乎成为舒适、体贴的代名词。“人性化设计”也一直是景观设计师们遵循的设计原则之一。

在景观设计行业发展的初期，设计师们比较注重人文关怀，一切以人的意愿为主，以人的生理结构、行为习惯、思维方式为出发点，这种在设计中对人的生理需求和精神追求的尊重和满足，即是对人性的尊重。但是，在此阶段设计师对于人性化设计的理解还处于狭义的范畴，其行为也过于片面。随着社会经济和城市化的快速发展，景观行业突飞猛进的同时也出现了一些问题，人们也开始全面、深入地思考“人性化设计”这一问题，“人性化”的方向是什么？“以人为本”的底线是什么？如果“人性化”的满足与生态建设、社会发展相抵触又该怎么办？

所以今天我们要进一步深入考虑人的需求、人的关怀，更加进一步完善这一主题，发展广义的人性化设计理念。避免“人”与“个人”概念混淆，“人”与“社会”“自然”割裂，使人性化与社会可持续发展融为一体，内容更加丰富，更科学合理。

COL：您认为景观设计所需要体现的社会关怀包括哪些方面？这些方面和您的工作以及当下市场化的社会实情有没有冲突？

刘飞：景观设计是一个创造美的事业，它所体现的社会关怀就是为全社会做贡献，不分贫富让全民都享有现代文明的成果。在当下市场化社会工作中，设计单位既要考虑企业的经济效益，也应肩负一定的社会责任。怎样正确引导景观的发展方向，让景观建设为社会发展增色，杜绝奢侈浪费、贪功冒进、劳民伤财，这是必须严肃对待的问题。不同地区应以经济基础和社会需求为考量，根据不同消费人群的具体要求而有所分别。其实我认为，用一些普通的手法、普通的材料、便宜的苗木，依然可以打造出舒适、生态的景观环境。如果有特殊需求，可以在不背离有关规范，不违背自然规律的条件下重点打造。

COL：从某种意义上来说，关注景观设计的细节是关注人本化的一项重要内容，在您的案例中有相关的体现么？或者您所认可的人本化设计是什么样的？

刘飞：设计方案的成功与否，很大一部分原因取决于对景观细节的处理是否到位，因此一直以来，尤其是近些年，我们特别重视对景观细

节的把握。例如，在济南市梁庄安置区项目和槐花园居住区项目的设计中就是以人的基本需求为出发点，通过节点、景墙、铺装等细节的打造，呈现出比较鲜明的景观特色。

在住宅区的楼间及公共区域景观设计中，所谓人本化设计，首先应该考虑给居民创造生态宜居的绿色环境，有效地提升宅间绿地的舒适性。北方地区气候干燥，不能呈现如南方城市般绿意盈盈的园林景观，制约了绿色环境的营造。与其他北方城市一样，济南的园林绿地也存在绿量不足的弊端，因此在住宅环境中放在第一位的就是解决“绿”的问题，使绿色环境环绕整个居住空间。在满足了这一最基本的需求之后，再考虑适当增加满足居民交流、娱乐等需求的人性化空间。在济南市梁庄安置区的设计中，为了尽快呈现出绿意盎然的景观效果，使居民享受舒适宜人的居住空间，我们侧重于植物造景，在主要活动区域营造充足的林下空间，借助孤植、丛植、片植等造景手法，形成树阵、庭院等朴素的宅间绿地。梁庄安置区设计以充足的绿量和精致的植物搭配形成鲜明特色，在有限的绿地内无限提升舒适性，从使用者的角度出发，为居民休闲、交流、健身等活动提供宜人的绿色空间。

精致的细节处理，不仅可以有效地提升景观档次，更有助于体现景观的人本化关怀。济南槐花园小区项目位于老城区，设计意图是从居民的需求出发，保留原汁原味的老济南韵味，营造一个特色鲜明且宜居、舒适的生活环境。设计中我们着重加强了铺装、景观小品等方面的细节处理，打造精致实用的园林空间。现状场地狭长，空间局限，我们布置了不同形式的景墙，主要起划分空间的作用，使整个空间形成若干庭院。设计中我们十分重视景墙细部的推敲，局部墙体开有漏窗，保证视线的通透；装饰纹案、匾额、楹联等内容，古朴淡雅，图案以传统吉祥纹案为主，匾额、楹联等选用清新淡雅的诗句；虽然尺寸不一，但景墙整体以传统的白墙、灰瓦为主，保证景观的连续性，形成全园统一的整体形象。

道路和铺装场地是居住区内人流最集中的地方，道路的串接和地面铺装等细部也需要仔细推敲。槐花园步行道路设计收放自如、树影相荫、因坡而隐、遇水而现，串联各种空间，使空间有序展开，增强了景观的层次感。同时，我们通过高差、材质、颜色、肌理的变化创造出丰富的地面铺装，极富装饰美感，使道路在通行功能之外又增添了观赏效果。由于小区空间有限，在景观中我们特意避免了大体量构筑物的使用，取而代之的是小巧轻盈的古建小品，一扇垂花门、一座小亭、一块置石、一个坐凳……无一不精工细作、细致打磨，力求使其散发浓郁的文化韵味。这些精致的小品，不仅是精美的装饰，更是实用的“室外家具”。

COL：当下大的社会背景之下，贫富差距增大，景观设计是否考虑过中低收入群体的实际需要，或者在一些项目中，特别是市政项目中有没有表现？居住区景观设计中，保障型住房的景观设计和其他商品房的设计手法、思路有没有不同？

刘飞：当下大的社会背景之下，贫富差距不断增大，有些地方富裕些，有些地方发展较晚，我们通常会根据使用者的不同需求来考虑景观设计的内容。景观设计包涵功能性和美观性两个方面。面对中低消费群体，首先应该满足其基本的功能性要求，例如常见的广场、河道设计，既可生态自然、简单实用，也可富丽堂皇、恢弘大气，我们反对一味地选用过多的名贵树木和复杂的硬质景观，确保纳税人的每一分钱都用到实处，杜绝铺张浪费。

我们的设计会根据项目的实际需求，提出全方位的解决方案，以生态优先、功能匹配、突出地方特色、预留可持续发展空间的务实主义为主，绝不贪大求洋，这也是我们多年来深受业主认可的主要原因。保障性住房的景观，以生态、实用的节约型园林为主，适地适树，功能齐备即可，不把钱花在人工景观上。我们参与了济南市的几个保障性住房项目，都秉持上述原则，受到了主管单位和安置户的一致好评。

COL：在景观设计中，是否考虑过老龄化社会为景观设计带来的影响？在工作中又有什么体现？

刘飞：按照国际标准，目前的中国已进入老龄化社会，因此在所有设计中都要注重老龄人群的人性关怀，景观设计也不例外。适应老年人的慢节奏、易生活的生活习惯，考虑老年人的一些行为特点，就像关怀残疾人一样，将一些设计理念融入景观设计中，例如坡道、台阶、栏杆、休息座椅、照明等都要考虑上述问题，更加体现社会人文关怀。

景观小角色上演城市之大戏

——专访澜德斯国际规划设计公司副总经理、资深景观设计师 潘毅

The Small Role of Landscape Playing an Important Role in **Urban Beautification**

—Interviewing with Pan Yi Vice General Manager & Senior Landscape Designer of LANDS Design International Co.,Ltd.

潘 毅

毕业于天津大学环境艺术专业，天津大学风景园林硕士，曾任北京土人景观与城市规划设计研究院景观设计师、方案主创设计师、北京昂众同行建筑顾问责任有限公司资深景观设计师、项目经理；现任澜德斯国际规划设计公司资深景观设计师、副总经理。

Pan Yi

Undergraduate course of environmental art of Tianjin UniversityMaster Degree of Landscape Architecture of Tianjin University.

Vice General Manager & Senior Landscape Designer of LANDS Design International Co.,Ltd.

Landscape Designer and Chief Project Designer of Beijing Turenscape and Urban Planning and Design Research InstituteSenior Landscape Designer and Project Manager of Beijing Angzhong Tonghang Architectural Consultation Co.,Ltd.

COL：您所去过的城市，哪座城市的景观给您的印象最为深刻？为什么？

潘毅：山东东营。东营是一个新兴城市，人口少，土地多，有大面积的待建设用地。东营的绿化覆盖率很高，大面积的、车行尺度的城市绿地，车行尺度的道路景观，弱化的建筑围墙。虽然没有发达城市那样完整的景观界面以及小尺度的景观细节，但却为城市今后的面貌打下了一个良好的基础。在我去过的城市中，这个发展中城市的发展过程给我留下了深刻的印象并且一直吸引着我的注意。

COL：城市景观中，沿街立面的景观非常重要，那您认为沿街建筑、道路和景观之间的关系应该如何协调？

潘毅：城市景观需要一个完整的界面，城市中的所有元素，包括绿化、设施、道路、建筑，都是组成一个城市完整景观界面的基础。我认为在街道景观中，建筑的功能、道路的功能，决定了道路景观的形式。在城市的发展过程中，应该根据具体的需要及时调整道路的景观设计，使得沿街立面更加合理化。

COL：作为占有城市景观中相当大比例的居住区景观，应该在城市景观中扮演什么角色？当下的中国城市景观建设中，居住区景观是否起到了本来应该有的作用？

潘毅：居住区景观，确实占据城市景观中相当大的比例。国内发展中城市的建设速度是令人惊叹的，在快速建设的同时，我们的城市显得缺乏一种慢速发展才能形成的那种千丝万缕的联系，那种和谐整体的统一、水到渠成的天人合一的境界。在这些建设中，居住区景观往往也忽略了它延续城市文明脉络、延续地域文化特征、延续场地记忆的作用和使命。

COL：居住区景观大都是比较封闭的景观类型，可能会割裂与城市景观的联系，在您所从事的居住区景观设计中，有没有考虑过与城市景观的关系?如果考虑过，是如何处理的？

潘毅：在我参与过的居住区景观设计的过程中经常有这样的思考——如何才能延续城市景观的脉络，延续场地的记忆和特性？并非空间封闭了就没办法与城市形成联系。一种景观，往往也是人们的一种生活方式。好像小时候的夏天，爸妈搬着马札，坐在树荫下，和邻居的老奶奶聊着天，看着我们在土地上玩耍。所以在我的设计当中，经常用另外的一种方式和场景来恢复这样的生活方式。

COL：景观设计和城市经济也有着密不可分关系，针对您所做过的景观项目，不同经济发展程度的城市对景观的要求有不同么？在设计和实施的过程中有区别么？这种区别是否直接影响了城市景观质量？您又是如何对待这种差别的？

潘毅：在我看来，不同发展阶段的城市，景观的质量肯定是有差别的。但这种差别并不完全取决于经济因素。由于城市处在不同的发展阶段，功能需求的不同，才是导致景观上差别的直接原因。这种质量的差别其实是因为有些发展阶段，暂时还不需要那样的景观质量，如此而已。在什么阶段，做什么事。如果让我来给出一个评价的原则，我会用起评分不同的方式来评价这些景观。比如一个城市起评分100分，但是只做到了70分。那就还不如一个起评分60分但是做到了55分的城市评价高。

一面景观设计之镜 折射社会责任与职业道德

——专访杭州神工景观设计有限公司法定代表人、总经理 黄吉

Landscape Design Mirroring the **Social Responsibility** and **Ethics**

—Interviewing with Huang Ji, Legal Representative and General Manager of Hangzhou Shengong Landscape Design Co.,Ltd.

黄 吉

1989年7月毕业于上海同济大学风景园林专业，具有21年的企业管理经验，是美国景观建筑师协会ASLA的注册会员

1989.7—1991.3杭州园林设计院设计师

1991.3—1994.8杭州园林设计院海南分院院长

1994.8—2002.8杭州园林设计院室主任

2002.05—至今杭州神工景观设计有限公司法定代表人、总经理

Huang Ji

Graduated from Shanghai Tongji University in 1989 July with the major of Landscape Architecture With 21 years experiences of business management

Registered member of the American Society of Landscape Architects Association(ASLA)1989.7-1991.3 Designer of Hangzhou Landscape Design Institute

1991.3-1994.8 President of Hangzhou Landscape Design Institute,Hainan Branch 1994.8-2002.8 Dean of Hangzhou Landscape Design Institute

2002.05-now Legal Representative and General Manager of Hangzhou Shengong Landscape Design Co.,Ltd

COL：景观设计行业繁荣伊始，人性化设计就成为所有设计方案文本中必须的字眼，那么在从事过程中，您对人性化设计的理解有没有变化？

黄吉：我的整个从业经历应该说正好见证了我国景观建设自改革开放以后从起步到繁荣的过程，随着年龄的增加、阅历的增长，对人性化设计的理解会不断地变化。

COL：您认为景观设计所需要体现的社会关怀包括哪些方面？这些方面和您的工作以及当下市场化的社会实情有没有冲突？

黄吉：我理解的社会关怀，应该是一个景观设计师所应该具有的社会责任感和职业道德。它应该是景观从业人员具有的比一般人更长远的视野和更细致的考量。

当下中国社会正处于开发建设的高潮时期，从发展阶段来说，中国由于地域广阔，又可能分别处于不同的发展阶段，东部沿海城市经过改革开放后三十多年的建设，已进入后发展期，也可称为收官期。而中西部及沿海的中小城市完成了社会财富的原始积累，又刚刚进入开发建设的前发展期，又可称为布局期。不同的阶段，具有不同层面社会需求的公众意识，从而也会对景观从业人员提出不同的要求。其中矛盾冲突也千奇百怪，层出不穷。最集中的就是市政工程项目中经常遇到的长官意志，盲目追求高、大、全的形象工程和房地产开发项目中过度追求即时效果，一味追求亮点、卖点的样板工程。这两种情况在景观建设过程中经常会有违背人性关怀的问题，或者说是向人性的弱点妥协而放弃了弘扬人性优良的一面，从而在客观上形成了一些破坏性的建设，造成财力、物力的极大浪费，尤其是时间上的极大浪费。

COL：从某种意义上来说，关注景观设计的细节是关注人本化的一项重要内容，在您的案例中有相关的体现么？或者您所认可的人本化设计是什么样的？

黄吉：作为一个有责任感的景观专业从业人员，在专业上应该比甲方和一般人群具有更广阔的视野和更细致的考量，绝对不能沦为甲方的画图匠。景观设计实际上是室外场

地的综合利用，它兼顾了各种复杂的功能性。设计师应该在梳理整块场地内在逻辑的基础上，再确认平面布局、竖向系统和小品造型。景观设计又具有其他设计所没有的特点：景观设计中一个决定性的构成元素——植物是一个随着时间变动的元素，设计师一定要考量到这一特定因素。

人性关怀从对象范围而言，要考虑不同的使用人群，有中、老、幼之分，也有健康、残疾之别；从时间段而言，要考虑四季变化，要考虑雨雪阴晴；从内容设置而言，要考虑跑、舞、漫步，也要考虑坐、下棋、冥想……

具体而言，我们现在很多的景观设计过多注重了观赏的视觉效果，而忽视了人群的参与性、活动性，或者是考虑了参与性、活动性，但又缺少了很多深入、细致的细部设计作为保障。

COL：当下大的社会背景之下，贫富差距增大，景观设计是否考虑过中低收入群体的实际需要，或者在一些项目中，特别是是市政项目中有没有表现？居住区景观设计中，保障型住房的景观设计和其他商品房的设计手法、思路有没有不同？

黄吉：居住区景观设计中，保障型住房和其他商品房虽然同为居住使用，但是由于使用人群的不同自然也会有不同的要求。

高档商品房一般在小区的出入口、会所附近需要一些出彩的亮点，以彰显其档次、尊贵。在植物配置上，保障性住房小区以乡土适生树种为主，以低维护、易成活的植物为主，而高档商品房小区则为了配合营销策划的需求，可能会不顾地域位置、气候条件，配置相当多的名贵珍奇植物，从而给后续物业带来很多后遗症。在材料选用上，保障型住房能选用的基本都是廉价的、普通的一般材料，而高档商品房小区则尽可能地选精、选新、选奇，以求得标新之异、卓尔不群的效果。

但是，从设计的终极目标来看，设计师的真正水平不仅仅在于做得有多好看，而是应该在可能的条件下，设计出既好看，又实用，还能节省投资的景观作品。从这个意义上来看，现在国内很多豪宅小区以及华丽的市政广场不能代表现在

中国的景观设计水平，或者说不能代表中国景观设计的方向，他们代表的是商业意义上的成功，而不是专业意义上的成功，专业范围的人性化设计的探索，我们还有很多路要走……

COL：在景观设计中，是否考虑过老龄化社会为景观设计带来的影响？在工作中又有什么体现？

黄吉：目前，对老龄社会化问题还没有太多的接触，但是在发达国家可以感受到，他们的人性化设计是全方位的，对于社会上弱势群体，特别是儿童、老人、残疾人士尤其关注，在日本，可以感受到景观设计对老人的关怀无处不在。发达国家的今日就是我们的明天，我们在现在的工作中就应该为老龄社会的到来做好充分的准备！

关于Design Initiatives

Design Initiatives 是一个获奖很多的创新型建筑实践事务所，总部位于美国加州洛杉矶，同时在保加利亚索非亚设有办公室，事务所由 Valkof 在1998年成立。Valkof 于2004年获得洛杉矶南加州建筑学院的建筑学第二硕士学位，1998年获得索非亚 UACG 的建筑学理学硕士学位。Valkof 拥有 LEED 认证，并曾在 Morphosis 实习，具有14年的洛杉矶建筑实践和设计经验，涉及复杂商业体、学术类建筑、综合利用建筑、住宅和室内等多种类型，项目分布美国、欧洲、俄罗斯、阿拉伯联合酋长国等。

About Design Initiatives

Design Initiatives is innovative, award-winning architecture practice based in Los Angeles, California, US and Sofia, Bulgaria, EU initially founded in 1998 by Vlado Valkof. Valkof hold the second master's degree of building architecture of Los Angeles southern California Institute in 2004 and won the Sofia UACG architecture master of science degree. Valkof has the LEED certification, he once practiced in Morphosis and have 14 years Los Angeles architecture practice and office experience, involving a variety of types of complex commercial bodies, academic buildings, the comprehensive utilization of buildings, residential and interior projects and so on. His projects distributed in the United States, Europe, Russia, United Arab Emirates, and so on.

Vlado Valkof 用可持续发展的双臂拥抱整个城市

Vlado Valkof Opening the Sustainable Development Arms **to Hug the Whole City**

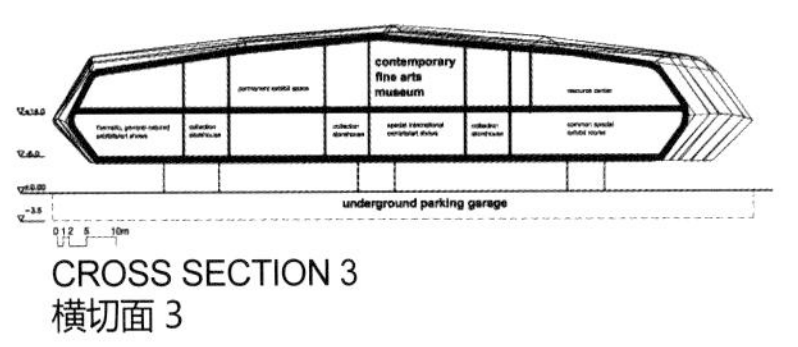

CROSS SECTION 3
横切面 3

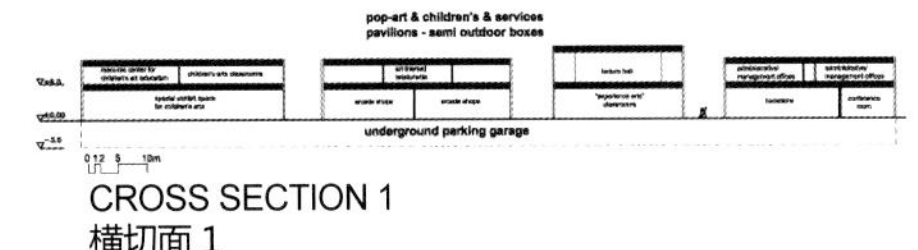

CROSS SECTION 1
横切面 1

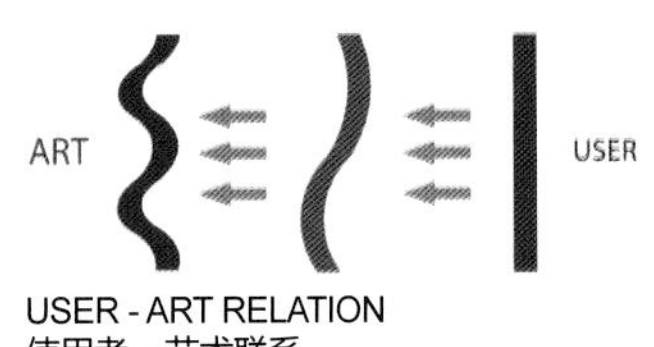

USER - ART RELATION
使用者—艺术联系

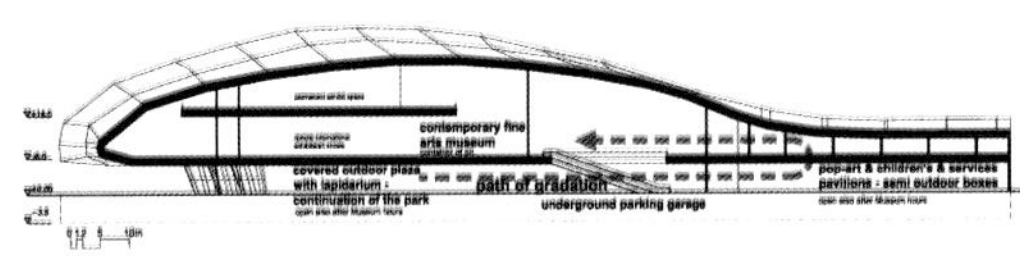

LONGITUDINAL SECTION 2
纵切面 2

Col：现在的建筑物功能越来越齐全，您怎样看待人与建筑之间的关系？

Vlado Valkof：建筑是我们与世界所产生的关系的集合。通过基础设施的建设实现城市化进程的运行。我设计项目的宗旨是促进城市化进程新的发展机会，如公共用网、社会互动、文化活动提高人民生活质量，为使用者提供独特的快乐体验。说到可持续发展，我总是问自己这样的问题：“我的作品还能使你做些其他什么？”

Col：目前建筑方面您最想解决的问题是什么？您目前的工作重点是哪方面？

Vlado Valkof：我的目标不仅包括解决在现场经常遇到的具体问题、梳理项目进程中存在的制约因素，更重要的是调研各种能够影响设计构思的外部动力因素（社会的、文化的、科技的、生态的、经济的、政治的）和项目内部存在的关于规划细节和在可行性方案的实施过程中遇到的诸如优势、劣势、机会、威胁方面的关键性不确定因素。不是为了追求放之四海皆准的真理，我是在探索能够给人带来活力的多元的设计元素。

Col：您是如何理解和应用绿色可持续理念的呢？

Vlado Valkof：在设计过程中，我的目标是建立一个令人愉悦的、和谐的空间，并且在那里人与自然能够得到和谐统一。在一些实用的设计细节上，我们力求做到简洁，能够再循环再利用。但是在很多时候，我们并没有完全做到，这就说明我们的设计理念没有真正达到平衡和可持续性发展的标准……

Col：城市和建筑的建设是不可逆的，您是如何权衡它们之间的关系呢？设计的出发点是什么呢？

Vlado Valkof：在我的设计过程中，我通常把客户的需求、场地周围的环境、社区和使用者（他们的文化，传统，习惯）、建筑类型、现有的使用材料和其他因素。等做成图标形式，使内容一目了然。建筑本身是不能被证实或测量的。我的下一个步骤是超越统计数据，添加额外的设计思路，增加设计感。把解决问题转化成一种特殊的体验。每一个城市的环境都是由不同维度的空间——小规模（单体建筑）、中等规模（一个地块或居委会）和大规模（整个城市）围合而成。每个单体建筑都是整个街区、整个城市的一部分——它在人们日常生活中扮演着重要的角色。与此同时，城市也需要从远距离通过一个扩展点来观看，比如从自然形成的山峰或巴黎人造埃菲尔铁塔，或从纽约市的帝国大厦的顶部和侧面都可以俯瞰甚至几乎能够拥抱整个城市。

Col：贵公司的项目都非常优秀，尤其注重流畅性、线条美，近期在设计上有什么新的突破么？能否举例说明？

Vlado Valkof：谢谢！不过，我不把建筑局限于一种正式的视觉语言，也并不专注于建造不朽建筑的装饰性的包装技术，令人印象深刻的建筑结构可以通过参数化软件和最新的技术很容易实现。除了复杂的表格、统计数据和常规做法，我尝试创建一个具有丰富灵感、想象力、富有诗意和感性的建筑结构。

Col：INSIDE THE CLOUD是新的台北市艺术博物馆，与中国台湾政府部门的合作您有什么体会？您认为此项目的最大亮点在哪里？

Vlado Valkof：在设计新台北艺术博物馆的项目的过程中，我试图实现我的艺术概念构思，重新定义

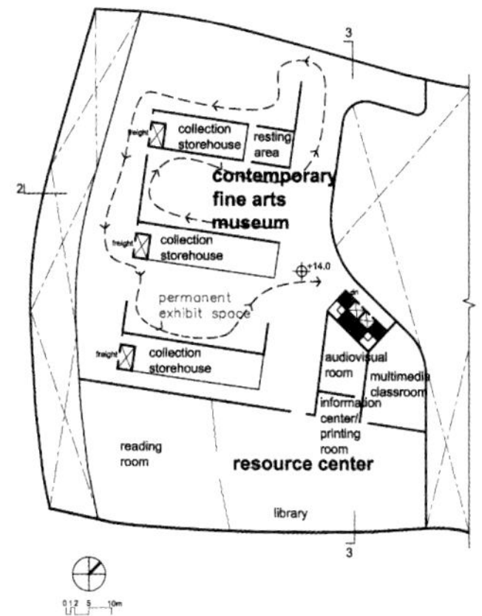

THIRD MEZZANINE FLOOR +14.0
三层平面图

SKETCH
效果图

艺术博物馆、的意义并转换艺术博物馆的功能。我提出了一个新的设计理念，这个方案不仅能实现艺术博物馆的功能，并且还使得博物馆，公园和步行桥的形成了一个灵活多变的整体。因为该项目的位置是在一个公园中央，所以我的设计将避免阻隔公园的整个空间结构，使行人有自由流畅的行走空间。我通过博物馆两侧的公园小径和自行车道，把博物馆和现有的公园结合起来。半开放的流行艺术户外公园展馆、儿童服务功能设施和带有凉棚的广场、庭院以及LAPIDARIUM（户外雕塑展和靠近博物馆的岩石花园）构成了公园阴凉的延续。

我没有浪费一点走廊的面积。玻璃的廊架是开放的，可以直观地看到公园和Da-han河。连接英鸽火车站的一座新建的步行桥是第二个层次的人行通道。进入建筑物内，可以看到步行桥就像一个环形脊柱。艺术博物馆周围的小径成环形3D渐变效果，有一种探索的意趣。首先使用者对户外广场、庭院和lapidarium非常感兴趣，之后他们的期望是半户外的流行艺术馆，最后让人们感到兴奋的是当代纯艺术博物馆。

Col：您设计的项目分布各地，设计要因地制宜，在设计的过程中您都要考虑哪些问题呢？

Vlado Valkof：在每一个项目的设计过程中，我都注重因地制宜。正如我上面所说，我会尽量考虑到当地的环境、当地社区和使用者的需求，以及当地材料的特点和具体设计环境等因素。生活在像洛杉矶这样的国际化大都市当中，并且在一个国际化的团队中工作，使我能够更加擅长调整当地的设计条件。我之前2/3的时间生活在欧洲，1/3的时间生活在加州南部。多样性的生活背景和生活阅历为我融入不同的文化架起了宝贵的桥梁。

Col：您对公司管理上秉持着什么样的理念，是怎样的管理方式呢？有新的调整么？能否介绍一下您的设计团队？

Vlado Valkof：首先，我要把我的设计理念应用到我的项目里。我的工作团队是一个新型的国际化合作团队，其中一个机动的设计师团队是由来自遥远的不同国家的5位设计师组成的。我的同事把他们在美国加利福尼亚、洛杉矶、索非亚、保加利亚和波兰的独特的工作背景和文化带入了这个团队。这就是说，由于最新的通信技术，设计师的流动性、可持续性的设计理念和全球文化的发展进程都将导致许多传统建筑将被修复或者彻底消失。

Col：来到中国，您对于中国的文化和建筑有什么样的感受？

Vlado Valkof：我很崇拜有着渊源历史的中华文化和中国传统建筑。2008年北京奥运会、2010上海年世博会、金华建筑公园和其他最近建成的项目都足以证明，中国是世界上为数不多的几个拥有创意建筑，能够使设计师实现梦想的国家之一。中国的发展非常迅速。中国人的思路比较开阔，非常欢迎外籍设计师来华发展并且对待他们很友好。

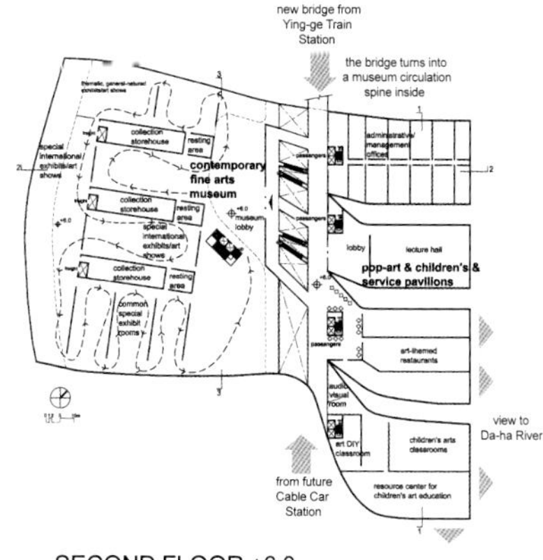

SECOND FLOOR +6.0
二层平面图

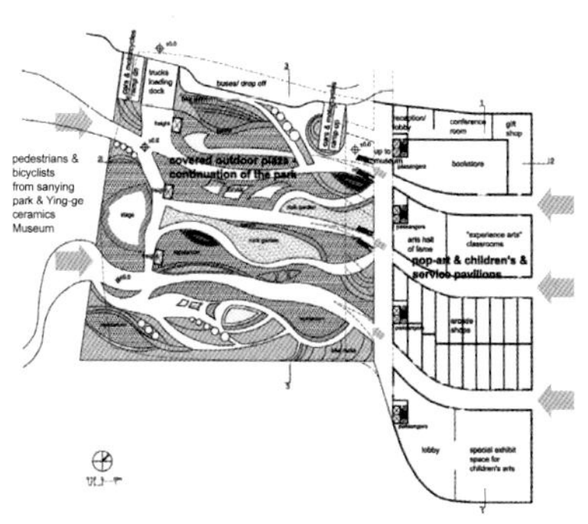

GROUND FLOOR +6.0
一层平面图

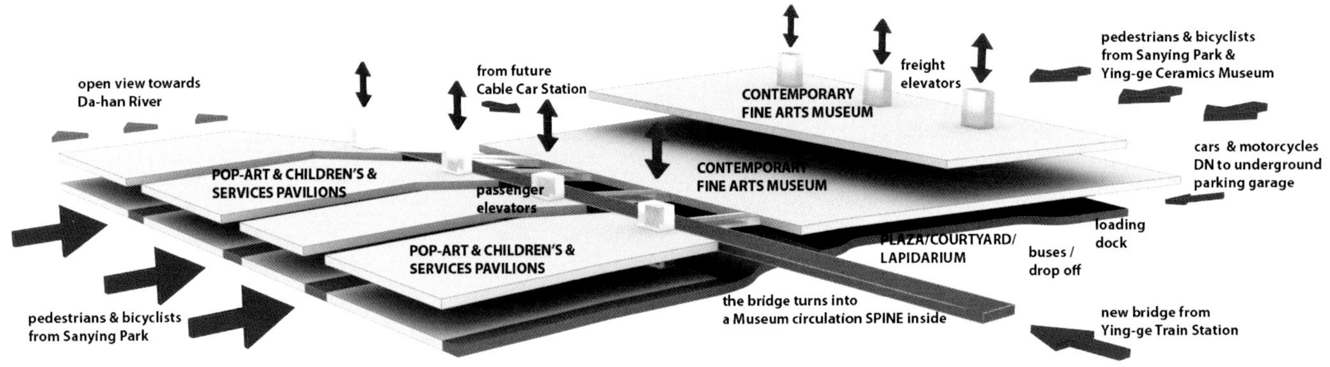

CIRCULATION DIAGRAM
交通流线分析图

Col: Now the function of building is more and more complex, how do you see the relationship between people and architecture?

Vlado Valkof: Architecture organizes the relationship between us and the world around. Through the building infrastructure the architecture generates the ways urban environment operates. The intention of my projects is to induce the development of new urban opportunities such as public networking, social interaction, cultural activity, enhanced quality of life, unique and joyful experience for the users, sustainability... I always ask myself the question: "What else does my work enable you to do?"

Col: At present, what's the biggest problem do you want to solve in architecture? What's your work focus now?

Vlado Valkof: My approach includes not only current, site specific problem solving and putting the existing constraints in order but more importantly studying the broad variety of external driving forces (social, cultural, technological, ecological, economical, political) and internal critical uncertainties (strengths, weaknesses, opportunities, threats) in regards to the project and planning scenarios of plausible, feasible developments.Instead of pursuing only one absolute truth or universal concept I tolerate the dynamism of multiple scenarios.

Col: How do you understand and use the green sustainable concept?

Vlado Valkof: In my work I aim to organize a joyful, integral space where man reconciles with nature. Some practical steps are to reduce, reuse, and recycle. Often we do not fulfill one of them in favor of the others which mean that we are in imbalance and still cannot meet the criteria for sustainability...

Col: The city and the construction of buildings are irreversible, how do you weigh their relationship? What's the starting point of design?

Vlado Valkof: My design process usually begins with a collage of diagrammatical studies of the content (the information from the client's program on future activities), the context and the environment (the site accessibility and the surroundings), the community and the users (their culture, traditions, habits...), the building typology (the subject) by itself, the available materials, and other categories... Architecture though cannot be proved or measured and my next step is to go beyond the statistical data, add extra design value and turn the problems into a special experience.Every urban environment consists of spaces of different scales – small scale (single building), middle scale (one block or neighborhood) and large scale (the whole city). The single building is a part of the whole neighborhood and the whole city – it is the primary element of everyday relationships. In the same time the city needs also a spread point of view from a long distance - from a natural hill or artificial structure as the Eiffel Tower in Paris or the Empire State Building in New York City - an opportunity to have a look at the city from above and from the side and to embrace almost the whole city at once.

Col: Your company's projects are all very good; there is particular emphasis on fluency and the beauty of lines. Is there any new breakout in design recently? Give an example?

Vlado Valkof: Thank you! Nevertheless I do not limit architecture to just a formal visual language or a decorative wrapping technique focused solely on monumental final result. The impressive form could be easily achieved nowadays with the parametric software and the latest technologies. In addition to the complex form, the statistical data, and the precedents I try to create an inspired, imaginative, poetic and sensual architecture.

Col: We know that the Inside the Cloud is a new art museum in Taipei city; do you have any experience in the cooperation with the Government? What's the biggest highlight for you in this project?

Vlado Valkof: My attempt in the New Taipei City Museum of Art project was to materialize my notion of art, to redefine the meaning of art museum and to alter the way art museum functions. I came up with a proposal which is not only an art museum but also a park and a footbridge in a flexible, versatile space.Because the site was in the middle of a park my design approach was to avoid the disconnection of the park and to still allow the free flow of pedestrian move.So I connected the park from both sides of the museum building by carrying out the existing park alleys and bike-paths through the semi-outdoor park pavilions of pop-art, children's and services programmatic functions and through the covered outdoor plaza-courtyard with lapidarium (outdoor sculpture exhibition and rock garden underneath the museum

storey) which serves as shaded continuation of the park.

I wasted 0% square meters area for corridors.The glass pavilions are open and have a visual contact with the park and Da-han River. The new footbridge from Ying-ge train station is a pedestrian access on second level. When it gets inside the building, the footbridge is transformed into a distributing circulation spine.Programmatically the art museum complex was organized around the idea of path of gradation and discoveries: a 3D spatial loop where first the users get interested in the covered outdoor plaza-courtyard-lapidarium, then they raise their expectations in the semi-outdoor pop-art pavilions and at the end the users enjoy the euphoria in the Contemporary Fine Arts Museum.

Col: The projects you designed are distributed all over the world; the design needs to adjust the local conditions, so what kind of problems you should consider?

Vlado Valkof: In every project I pay attention to the local conditions and as I said above in every project I try to "unfold" the local context and environment, the local community and users, the local materials, the specific content and so forth.Living in a global metropolis like LA and working with an international team helps me a lot in the adjustment to local conditions. By spending 2/3 of my life in Europe and the last 1/3 in Southern California I have diverse background myself and valuable experience in bridging both cultures.

Col: What are your ideas in management of your company? What kind of management style? Any new adjustment? Can you introduce your design team?

Vlado Valkof: I first test and apply my design ideas to my company and work place. As anything else in Design Initiatives, our office structure is also a new type of global collaboration, a mobile studio of 5 architects who join remotely from around the world. My colleagues bring with them their unique culture and environment by working from their locations in Los Angeles, California, Sofia, Bulgaria and Poland.That said, many traditional types of buildings will get modified soon or will completely disappear because of the latest communication technologies and their speed and because of the mobility, sustainability and the global culture.

Col: To come to China, what kind of feeling do you have in China's culture and architecture?

Vlado Valkof: I am a big admirer of the deep roots of Chinese culture and traditional Chinese architecture. Beijing 2008 Olympic Games, Expo 2010 in Shanghai, Jinhua Architecture Park and other recent projects clearly revealed China as one of the few places in the world where innovative architecture really happens and where architects' dreams come true. The development in China today is in a fast mode. I find Chinese people so open-minded to the new and so welcoming and friendly to foreign architects, emerging in particular.

浅谈历史和建筑设计的关系

——访当代意大利最具深度的青年建筑设计师之一 Antonino Cardillo

Explaining the Relationship between **History** and **Architecture**

Interviewing One of the Most Famous Italian Architectural Young Designers, Mr.Antonino Cardillo

Antonino Cardillo

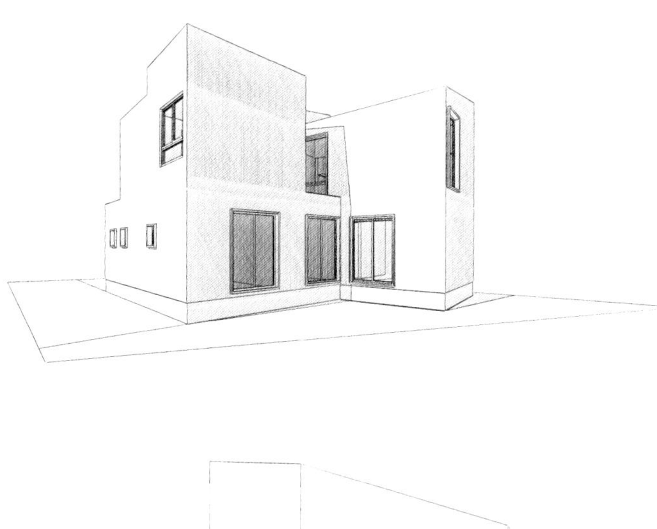

Antonino Cardillo是当代著名的意大利建筑设计师。他在行业内非常活跃，他的作品是传统与现代的建筑构思的精髓集合，并且曾在很多建筑展上展出，包括第4届阿姆斯特丹Bicnnale 国际建筑展。

Antonino Cardillo is the famous the Italian architect.Active worldwide,through his works he explores the bonds between ancient and modern languages.His works were exhibited at different occasions.including the 4th International Architecture Bicnnale of Rotterdam.

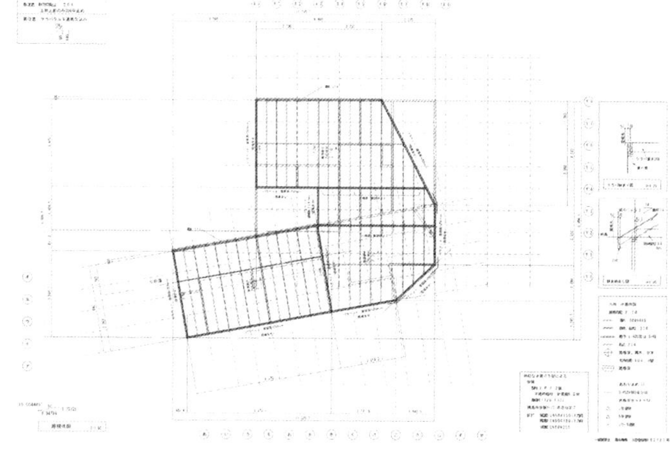

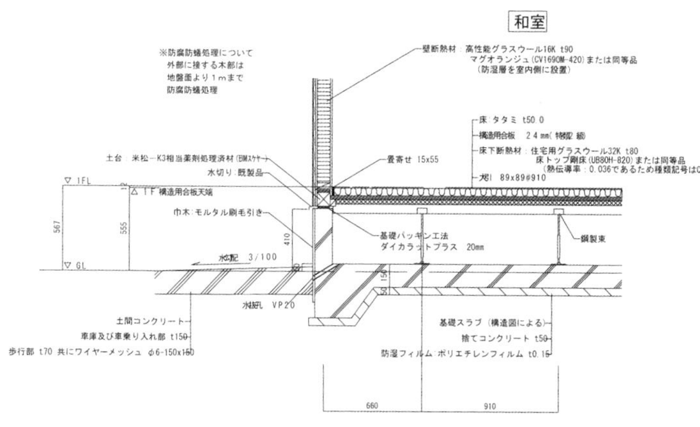

和室
※防腐防蟻処理について
外部に接する木部は
地盤面より1mまで
防腐防蟻処理
壁断熱材：高性能グラスウール16K t90
マグオランジュ(CV1690M-420)または同等品
(防湿層を室内側に設置)
床：タタミ t50.0
構造用合板 24mm(特類2級)
床下断熱材：住宅用グラスウール32K t80
床トップ剛床(UB80H-820)または同等品
(熱伝導率：0.036であるため種類記号はC)
大引 89x89@910
土台：米松—K3相当薬剤処理済材(BMスケヤー)
水切り：既製品
畳寄せ 15x55
▽1FL
△1F 構造用合板天端
巾木：モルタル刷毛引き
基礎パッキン工法
ダイカラットプラス 20mm
鋼製束
567
555
410
水勾配 3/100
▽GL
150
50
水抜孔 VP20
土間コンクリート
車庫及び車乗り入れ部 t150
歩行部 t70 共にワイヤーメッシュ φ6-150x150
基礎スラブ(構造図による)
捨てコンクリート t50
防湿フィルム：ポリエチレンフィルム t0.15
660
910

COL：您的家乡有很多古罗马的女神庙，这些象征着美丽、爱和富饶的女神给您的记忆和建筑设计的灵感有怎样的影响？

Antonino Cardillo：我没有宗教信仰但是也曾被神学所吸引。从某种意义上讲，人类历史上最有趣的建筑就是能够对神灵有一种呼唤。任何一个好的建筑作品都像一位虔诚的祈祷者。我个人做项目的体会就是我更倾向于探索项目的主题，深度挖掘一种与人类文明密切相关同时又能歌颂历史的主题。基于此，历史是我的老师。

COL：您的作品充满了创造力，有一种高质量的精确之美并且蕴含着成熟的现代气息。您是如何成就这种设计精品的?灵感又是从何而来？

Antonino Cardillo：正如我上面所说的，历史是我的老师。真实的历史没有时空和地域的界限。人类的历史是流动的。最令人振奋的争论是由从不同的时代和地区之间的纷争引起的。因此，我对过去发生的事情就更感兴趣了，往往在过去似乎模糊的记忆里可以找到隐藏的真理的片段，而这些事实的真相更能够帮助我们了解现在。

COL：您是如何理解人与建筑的关系的？

Antonino Cardillo：所有的家都保留了原始人住的山洞的记忆。在没有实现居住的基本功能之前，在房子被认为是居住的机器之前，住所就是一种巢穴。房子可以认为是能够呼唤神灵的地方。请注意，我指的不是具体的神学和宗教，我是在说一种居住在这个星球上的人的居住结构的价值观。这就是有时我们看我们的房子就像一座寺庙的原因。我相信任何房子不管是何种等级和装修都可以祈祷神灵。令我们印象深刻的是祈祷人们能够生活得更好的有史以来的美好愿望。最后，我相信这种愿望是建筑设计的终极目标。

COL：您是如何看待和评价Antonino Cardillo建筑设计公司？

Antonino Cardillo：Antonino Cardillo建筑设计公司是把人与人联系起来的纽带。我的研究的目标是把不同的文化融合起来运用到建筑设计当中，同时我的作品又是现实生活的一种体现。我认为每个建筑都应拥有强大的文化内涵。通过我的作品，我试图诠释一些故事和古老的，已被人遗忘的过去。

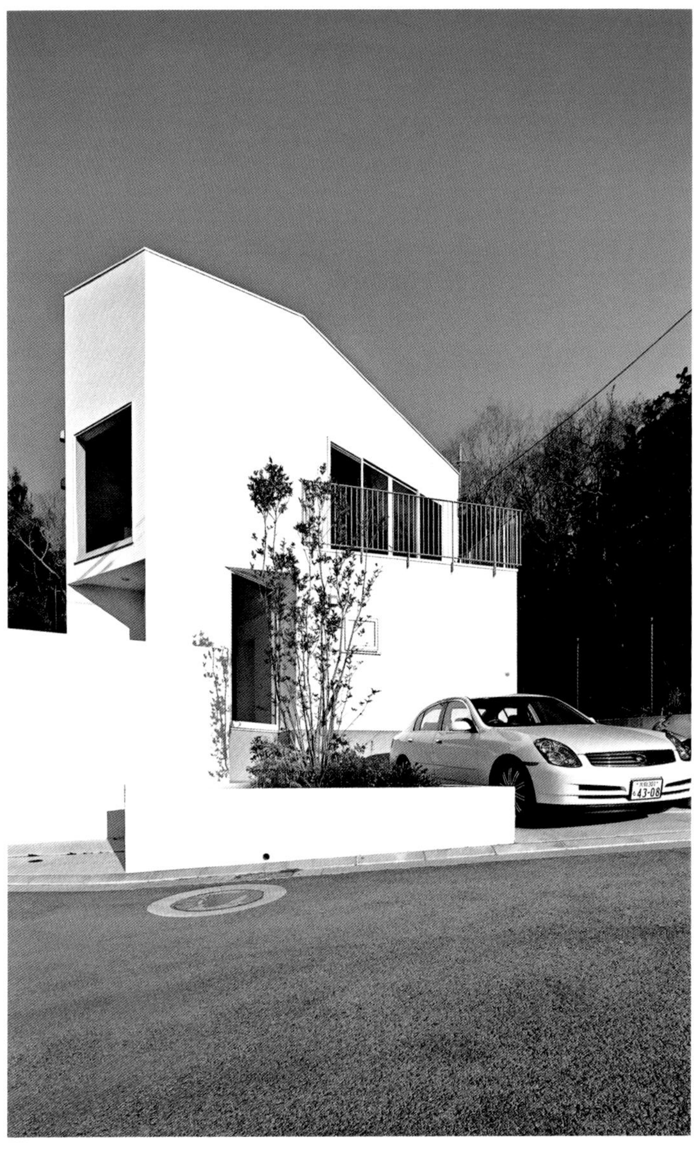

COL: Your home town is watched over by the ancient temples of the Roman goddess of beauty, love and fertility. So how does such living environment and memory influence your architectural creation.

Antonino Cardillo: I am not religious, but I was ever strongly attracted from the sacrum.In some way I believe that the most interesting architecture in the history was ever able to evoke a sacral dimension of the being: any good architecture is like a prayer. In my personal approach to project, I am interest to explore this topic, which it is also strongly related to the exploring of the cultural meanings which compose the architecture of the past. Also for this reason, the history is my teacher.

COL: Your works are creative and always showcases the exact high quality with concise and beautiful vision, mature modern life characteristics, so how do you achieve this? Where do your inspirations come out?

Antonino Cardillo: As I told before, History is my teacher. And the true history does not know temporal and geographic boundaries. History of Mankind is fluid and the most inspiring arguments come from the contaminations between diverse epochs and regions. Therefore, I am more interest to learning from the most obscure chapters of the past, which often conceal hidden fragments of truth useful to understand our present.

COL: How do you interpret the relation between man and house in your mind?

Antonino Cardillo: Any home should keep memory of the ancestral cave where the Mankind began. Any home is a kind of nest and before to solve the ordinary functions, before to be “a machine for living in”, an house should evoke the sacrum – but please be careful, I am not speaking about a specific religious entity – but I am speaking about the anthropological values whose they structure the human being's living on this planet earth.This is the reason why looking at my houses sometime seems to see a temple. I believe that any house, on different scales and ambitions, should evoke the sacrum. To remember us the ancient hope to make the life better between the human beings. And lastly, I believe that this should be the final aim of any good architecture.

COL: How do you think about the Antonino Cardillo architect?

Antonino Cardillo: Antonino Cardillo sees architecture as an element which can unite people, rather than divide them.My research is aimed to create a syncretism stylistic between different cultures.My projects are synthesis of diverse fragments and represent a personal interpretation of reality.I think architecture conveys a powerful cultural meaning. Through my works, I try to give voice to the interrupted tales and the forgotten worlds from the past.

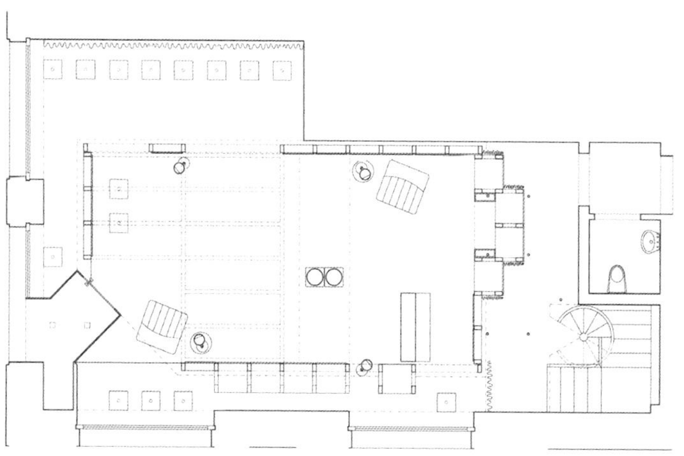

sergio rossi

画魂——墙壁上的边缘艺术
Soul of Painting——The Fringe Art of The Wall

邢晓林

中国美术家协会会员、壁画学会理事、
中央美院张立辰中国写意画高级研究班毕业
北京工业大学艺术设计学院副教授、专业主任

著作
《写意泼墨》
《邢晓林国画集》
《邢晓林彩墨画鸟集》
《邢晓林写意花鸟集》）
《一千零一夜的故乡——阿拉伯也门风情》
《生命系列丛书》（六本作品集）
《海之梦》
《邢晓林艺术作品》
《我爱我家系列丛书》（丛书主编）

Col：请您谈谈目前中国壁画的前景如何？存在着哪些问题？怎样调整和完善？

邢晓林：我认为，首先中国壁画与经济发展有着紧密的联系。国家经济发展带动整体文化艺术的提高。壁画是一种大众化的艺术，属于环境艺术门类，环境中的那道墙是壁画的载体，有了墙以后人们去装饰它，进而将其打造成赋有灵魂和文化的艺术品。说壁画与经济紧密相连原因很简单，经济发展了，人们对环境质量、生活质量的要求也相应进一步提高。建筑业的发展，壁画艺术无形中就连带发展起来。壁画文化是建立在环境建筑上的，人们满足了自己的物质需要的同时就会提升精神层面的需求。

第二，壁画是建筑环境艺术，与材料有关，比如室内可以画在木头、纸等材料上，室外就不一样了，室外自然环境中的壁画，必须要用硬质材料，比如铜、石头、不锈钢，总的来说就是天然材料与人工材料两方面。壁画不是架上艺术，它是大众化艺术，它必须和建筑环境相协调，为建筑环境增添文化气息、文化品位和文化档次。

壁画必须为环境服务，20世纪80年代开始，壁画很兴盛。到了20世纪80年代末期慢慢就沉静下来了，这与它所处的时代有关系。除了需要壁画大众化外，还有一个特点就是，它的质量直接受甲方的影响。如果甲方的决定权在多个人手上并且意见不一致，就很难把控壁画所要表达的中心思想，最后导致它的意义模糊，资金方面也会很尴尬。所以设计师与甲方在实现壁画前的沟通是非常重要的。建筑环境的变化，直接影响壁画艺术的发展，现在壁画创作的环境是进步的，向理性和真正的壁画艺术方向发展。

目前中国壁画存在着的问题是，目前画画的人很多，可画壁画的人少，原因就是壁画创作完成比较繁琐，它是一个设计工程，关系到建筑平台——甲方（使用者）、建筑师、所要用到的材料、资金等诸多方面，怎样调整和完善，还是社会大环境问题。

Col：能谈一下您作品的设计灵感大多来源于哪里呢？在设计手法、设计技巧，还有材料运用上都有哪些新的突破？

邢晓林：首先考虑壁画所处的环境，发挥壁画艺术的创造性和超前量。再一点就是要发挥材料的性能，设计师要了解材料的特点，也不能忽略资金问题。壁画必须适应环境，适应时代的发展。作品的材料要与它的环境融为一体。在设计手法、设计技巧、材料运用方面都要看环境要求，以创新利用为追求的目标。

Col: 建筑设计师和壁画家有很多共同的地方，例如空间与形体等，您是如何看待这两种职业的呢？又是如何以壁画家的眼光看建筑的呢？

邢晓林：这两种职业共同的地方还有对审美意识的追求。我认为，建筑师着重于创作美感和实用这两方面，而壁画家纯粹为美感创作。建筑既是艺术品又有它的功能性，壁画纯属艺术品。但是，环境的壁画，与建筑环境有关系，谈不上实用性但是它却带动了整个环境的文化氛围。这就是它们的区别。从壁画家的角度看建筑，我认为建筑是凝固的音乐，好的建筑就是一首优美的交响乐。

Col：一滴水就能够折射出整个世界，一幅作品就能够体现出一种精神，您是如何赋予作品灵魂的呢？

邢晓林：作品当然是有灵魂的，如果是一个纯绘画创作，我就从我生活中汲取灵感，然后设置一个主题就可以了。可是壁画不一样，壁画必须得与建筑环境统一，为建筑环境增加品位，针对不同的环境要有不同的设计，这个“设计”将赋予壁画灵魂。

另外，还要考虑到使用者的想法、环境功能和感受，根据建筑的功能去创作壁画的个性主题。再就是材料和资金，因为材料、建筑功能、建筑环境、资金、甲方意见等因素限制了壁画的创作。如果壁画家控制好这些因素将会导致好的结果。

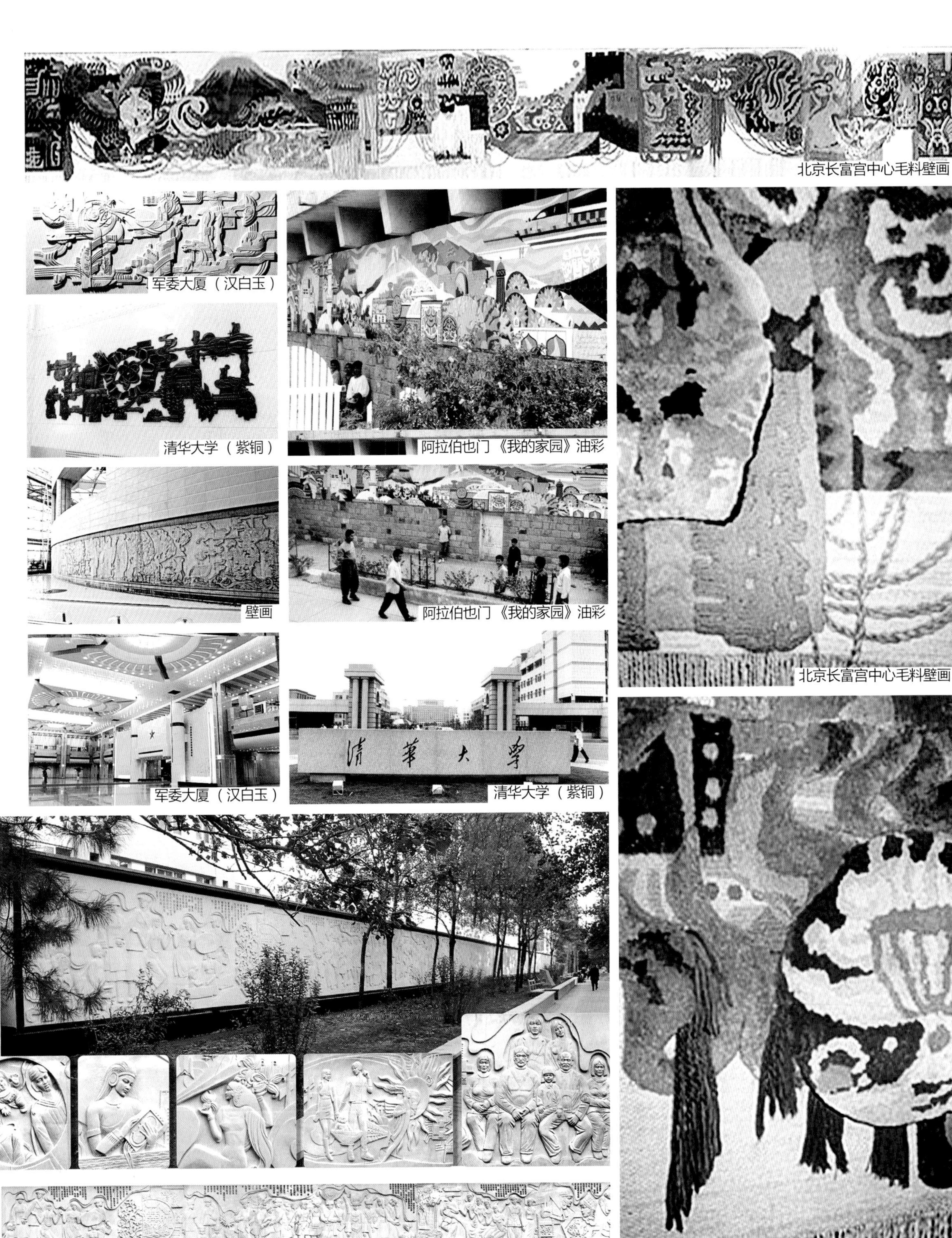
北京长富宫中心毛料壁画

军委大厦（汉白玉）

阿拉伯也门《我的家园》油彩

清华大学（紫铜）

壁画

阿拉伯也门《我的家园》油彩

北京长富宫中心毛料壁画

军委大厦（汉白玉）

清华大学（紫铜）

《生命的传承》北京首都师范大学

北京长富宫中心毛料壁画

Col：对一个作品，从长远的角度去考虑，材料这方面是怎么运用的呢？

邢晓林：壁画是长期的陈列艺术品，有的壁画用不锈钢为材料，这和石头、木雕、毛织等不一样的材料，工艺也是不一样的，首先要考虑艺术性的发挥，要符合主题、符合环境，那就要考虑材料的选用，发挥材料自身的优点和特性。

Col：您能否举几个您比较满意的作品么？

邢晓林：清华大学、军委大厦、兵器部的壁画，有中东的壁画。

Col：壁画是引领人们感悟世界、体味人生的一种造型艺术，其创作受一定的哲学观念所支配。请您谈一下壁画所具有的哲学意义。

邢晓林：中国有一个独特的哲学思想体系。对宇宙本源的探索，对社会人生的探求，有丰富的辩证法思想。中国人受古老的宗教和环境的影响很深，在自由的壁画创作上去神游天地，任意去发挥，比较抒情，哲学理念也相对容易体现。壁画实用中，它的哲学就复杂了。

Col：作为老师，您对新一代的壁画家怎样评价？如何培养学生们壁画的创新能力？

邢晓林：学生们思想活跃，创造能力很强，但是普遍经验不足，就像医生，治疗想法很好，但是临床经验少。壁画与纸上的画不同，它是一个工程，从一开始跟甲方沟通，到出草稿、正稿，接着甲方直接审稿，审完中标后需要组织材料，组织工人去做。安装、运输、保护，一系列的过程，缺一不可，是一个工程，会牵扯到很多细节。我对学生们抱着很大的希望，一直坚信他们都能成功，但是要看个人努力程度，还有是否能够坚持。学生在学校学两方面的知识——创造能力和基本功。老师会引导学生创造力的培养和发挥

漆壁画《百年沧桑》 清华大学

Col：如果您的学生也走上了做壁画这条路，您对他们又寄予怎样的希望，做到怎样才算成功呢？

邢晓林：我希望他们青出于蓝而胜于蓝。就像有一些德高望重的老前辈，他的作品至今对行业影响大，比如20世纪70年代末的机场壁画，它就像世界纪录似的，那个年代就创造了这个世界纪录，就算再怎么超越，也无法再现当时的成就。所以现在的学生，他可能要在某个方面超越老师，因为现在科技很发达，人们可以在电脑上做很多效果，这是没有电脑的那个年代的人们所想不到的。学生们的眼光、创作思维、造型能力得到扩展和发挥，无形中就扩大了创造能力。

Col：那么在这里，您是否能对您的学生，或者新一代的艺术家们说几句寄语或者忠告。

邢晓林：人生就是两杯酒，一杯苦酒，一杯甜酒。你是先喝苦酒还是先喝甜酒？画画就是这样，先吃苦肯定能尝到甜。付出了不一定有收获，但是不付出就一定不会有收获。

壁画

村庄特色景观保护

Protection of the **Village's Special Landscape**

作者：
颜 颖：女，博士，讲师，北京城市学院（北京 100083）
欧阳高奇：男，博士，注册城市规划师，洲联集团·五合新力规划景观设计总工程师（北京 100044）
Author：
Yan Ying：Female, Docter, Lecturer, Beijing Urban Institute
Ouyang Gaoqi：Male, Docter, Registered City Planners, Beijing 5+1 Werkhart Group

摘要：随着我国城市化的快速进行，村庄景观特点逐渐散失。保护好村庄景观特别是村庄特色景观显得尤为重要。本文从村庄基底、村庄空间布局、民居建筑、公共空间和景观小品五个最具村庄特色的景观元素出发，阐述对其保护的途径及意义。

关键词：风景园林；村庄；特色景观；保护途径

1 村庄特色景观

从广义的角度来看，相对于城市纯人工化景观，村庄景观本身的自然属性就是具有特色的。而相对于村庄地区，某个村庄景观能显著区别于其他村庄景观风格、形式的，并且具有一定个性和特点的景观才能成为特色景观。村庄特色景观的产生和发展是由特定的、具体的环境因素所决定的，具有独特性或稀缺性。

本文主要以村庄为基本单位，以村庄基底、村庄空间布局、民居建筑、公共空间、景观小品等要素来探讨村庄特色景观的保护策略。

2 村庄特色景观保护途径

2.1 村庄基底

村庄中分布最广、连续性最大的背景结构，包括：由土壤、水体、生物等构成的自然基底（图1）；以农业生产为主的农业基底（图2）；由当地乡土历史文化要素构成的文化基底（图3）。

2.1.1 自然基底的保护措施

自然基底是村庄景观价值体现的基础，主要体现在其美学价值、科学价值和生态功能价值方面。其保护措施主要如下。

（1）保持自然景观的原真性和完整性。自然景观的原真性是体现自然特色的保障，而其完整性则是村庄生态系统能正常运转的基础。

（2）保护生态环境质量，包括大气、水体、土壤等。对大气来说，推广洁净新能源的使用，可以减少柴薪、煤炭的直接燃烧造成的空气污染。对于水质来说，控制对环境有污染的工业生产活动，采取严格的防治措施和采用处理污染的设施；对村民的生活废水和生产污水收集后集中处理，减少任意排放。对土壤来说，减少耕种过程中化肥、农药使用量等，提倡生态农业；对已有水土流失的场地，采取建设水土保持林及水土保持工程等措施。对生物物种和生态系统的保护，采用科学合理的方法，避免人为的干扰，处理好资源利用与保护之间的关系。

（3）保持生物多样性和生态系统多样性。这是保障村庄景观丰富性和生动性特色的基础，一旦生物多样性和生态系统多样性遭到破坏，村庄景观特色也将随之逐渐消失。

2.1.2 农业基底的保护利用

农业基底表现的生产性景观具有独特的审美体验价值，不仅作为生产的对象，而且作为景观呈现在人们眼前，主要包含农业景观、林业景观、畜牧业景观、渔业景观等。不同地域有不同的生产性景观，如南方的鱼米之乡景观，华北平原的小麦、玉米农田景观，东北的玉米、高粱农田景观，云贵高原的水稻、油菜、梯田景观等。农业基底的保护措施主要如下。

（1）保护基本农田和水域，遵从国家和地方相关法规。

（2）将生产功能、生态功能和生活功能三者统筹考虑。村庄中的生产便是在农业基底上开展的各种农业生产活动，这也是村民生活中的重要部分。现阶段应该在发展现代农业的基础上去除其不良影响，将农业生产与环境协调起来，促进可持续发展，保护生态环境，增加农户收入，同时保证农产品安全性。

（3）合理确定生产性景观格局，突出地域特色。我国幅员辽阔，各地都有与当地自然条件适应的农业，这些各异的农业生产便呈现出各具特色的生产性景观，如沿海的渔业景观、云贵地区的梯田景观、东北的辽阔农场景观等（图6）。

2.1.3 文化基底的保护利用

文化基底是物质文化和非物质文化构成的文化背景环境。物质文化是为了满足人们生存和发展需要所创造的物质产品及其所表现的文化，也是当地长期以来历史文化的积淀，是村庄最具特色和最具吸引力的景观；非物质文化是人们在社会历史实践过程中所创造的与自身生活密切相关的各种精神文化。

几千年来，中国都是以“农”为本的国家，村庄地区承载着我国数千年来农民的真实生活，一脉相承的家族亲缘、邻里关系和传统习俗等综合构成了“村庄文化”的基底。

村庄建设中，应充分挖掘文化基底的内涵和历史信息，使其得到传承和延续，特别是对体现当地民俗、民风具有代表性的生活、生产景观要素应加以保护和利用。

村庄建设不应重蹈改革开放后城市建设大拆大建的覆辙，更不能让村庄文化伴随自然村的消失而消失。对于文化基底的保护利用应该做到以下几点。

（1）遵循相关保护法规，在严格保护的基础上合理开发、利用。

（2）具有突出价值的历史文化名村，保留原有的格局。

（3）具有历史、艺术和科学价值的文化遗产给予妥善维护。

（4）对体现当地民俗、民风，具有代表性的生活、生产景观要素加以保护和利用。

2.2 村庄空间布局

2.2.1 “有头有脸”的传统特色村庄

如中国历史文化名村（住房与城乡建设部和国家文物局共同组织评选）、中国景观村落（中国国土经济学会主办），这些村庄因其历史、文物、景观等价值而获得闪亮的头衔。对于这样有特色村庄，应该严格保护其原有空间布局结构，不能破坏（图4~7）；同时，可以在与原有风貌相协调的前提下增加必要的基础设施和公共设施，以满足现代生活的需要。

2.2.2 “无名无分”但有特点的传统村庄

对于没有挂牌但布局完善合理的村庄，在其发展扩大规模时，应该保持和延续村庄的布局模式和肌理，或者在原来基地之外新建。如北京门头沟区碣石村就是一个布局很有特点的传统村落（以东西走向的中街为轴，6条南北走向的深巷与轴相连；村落根据地形分为数层，既节约了用地又保证了良好的采光、通风条件），因为发展旅游需要扩展新的功能区，规划便在保留原有村庄格局的基础上，将新的功能区设置到离村庄不远的沟峪中（图8~11）。

2.2.3 改建或迁建的村庄

需要进行改造和重新规划设计的村庄，景观环境控制应符合下列规定：

（1）就地改造的村庄，以内部整治为主，完善基础配套设施，整治村庄景观环境，保护和延续村庄原有形态。

（2）部分或全部易地新建的村庄，延续和保留有价值的旧村景观风貌，采用逐步推进的方式；旧宅拆除后腾空的土地进行复耕或绿化，实现土地的占补平衡。如北京平谷区将军关新村属于易地新建，在规划中充分考虑北方传统村落自然条件的影响，在布局结构上汲取将军关旧村布局特征；新村更为规整，多呈团状、片状的布局方式，建筑布局以南北向为主；为避免空间形态呆板，利用住宅组团前后微错，形成类似传统街巷收放有致、景观变化丰富的宜人空间；在开敞处配以水井、牌坊等典型村落小品，营造出具有典型北方传统村落面貌的整体环境氛围（图5~9）。

2.2.4 普通村庄

大多数村庄布局都有鲜明特色，应该遵循因地制宜以及乡规民约，合理布置。

2.3 民居建筑

经历千百年历史洗涤而存留下来的不同类型的民居建筑往往是村庄景观的精华，它们不但有物质价值，还有文化价值、精神价值，是有性格、有精神、有生命的活的东西。

不同地域村庄的民居建筑形式都是满足使用者功能需求、适应当地自然环境的产物，同时也体现了地域文化及建筑主人的价值取向。对于不同的民居建筑需要采取不同的保护策略。

2.3.1 全盘保护

对于类似国家重点文物保护单位（如福建省南靖县书洋镇的田螺坑村）、中国历史文化名村（如北京市门头沟区斋堂镇爨底下村）、中国景观村落（如湖南省通道侗族自治县芋头寨）等的民居建筑必须全盘保护其完整性和原真性，不得随意变动。确实因为时间和不可预见的灾害造成建筑损害需要修葺的，也必须经过相关部门的严格审批并在专家的指导下进行。

1

自然基底 The Natural Base

2

农业基底 The Agriculture Base

3

文化基底 The Cultural Base

4

不同的生产性景观 The Different Productive landscape

5

广东肇庆黎槎村呈八卦布局
The BaGua Layout of Licha Village, Zhaoqing,Guangdong Province

6

北京爨底下村沿山势呈金元宝布局
The Gold Layout of Cuandixia Village, Beijing

7

北京门碣石村原有格局（作者绘）
The Original Layout of Jieshi Village

8

保留原有格局向外扩展新功能（作者绘）
The Extensional New Function Based on the Original Layout

9

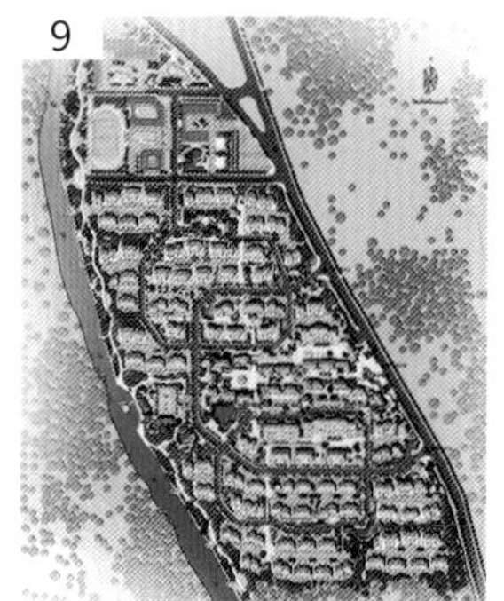

将军关新村平面布局
The Layout of New Jiangjunguan Village

10

新村实景（作者摄）
The Imaging photo of New Jiangjunguan Village

11

慕田峪村实景（作者摄）
The Imaging photos of Mutianyu Village

12

玻璃台村实景（作者摄）
The Imaging photos of Bolitai Village

13

传统的公共空间 The Traditional Public Space

14

新建的公共空间（作者摄）The New Public Space

15

用于展示的景观小品（作者摄）Landscape Sketch for display

2.3.2 改造利用

在我国，有很多村庄内的民居建筑其实并没有闪耀的头衔，但同样具备浓郁的地方特色和很好的使用价值。对于这样的建筑，可以在保持其整体风貌的前提下进行局部改造，结合使用需求将其内部结构现代化，满足现代生活需要。

北京市怀柔区慕田峪长城脚下的慕田峪村是一个有着400多年悠久历史的村庄，其建筑改造在保留了中国传统北方民居特点的基础上，也尽量保留历史沧桑的门窗、木梁架结构和当地石块建造的毛石外墙等元素，同时进行油漆粉刷、修整，点缀上现代的元素和用具，一座座原本不起眼甚至有些破旧的建筑就被改装成颇具浪漫时尚格调的酒吧餐厅或村庄别墅，吸引了许多外国友人来这里观光旅游、租住房屋，甚至安家落户。如果说长城风景是吸引“老外”的诱因，那么乡土文化、村庄风貌以及青砖、灰瓦、石墙、木柁等呈现着原生态的村庄建筑符号，则是留住“老外”的内质。慕田峪村接纳着不同国度的生活方式，也成了远近闻名的“国际文化村”（图12）。

2.3.3 整体新建

因为受到如泥石流、地震带等自然条件或交通不便等因素的影响，一些村庄需要整体搬迁。这样整体新建的建筑设计应尊重本地传统建筑风格，可提取建筑传统特色元素，应用现代建筑设计手法来营造既满足现代村民使用功能需求又体现地方风貌的民居建筑。

北京平谷区罗营镇的玻璃台村便是整体搬迁新建的村庄，新民居设计借鉴了传统的院落式布局，以四合院为原型加以改进，设计了前院、侧院与后院。前院位于二层正房之前，是主要的活动空间；侧院位于正房和厢房之间，既解决了正房的采光，也提供了类似传统园林的趣味空间；后院作为杂物院使用。在材料使用上，也充分利用当地盛产的各种材料，突出地方特色，尊重历史文脉。在细节处理上，墙面二层窗台下为深褐色真石漆，形成立面肌理，与周围的自然环境融为一体；屋面采用传统的小青瓦，形成质朴和谐的色彩搭配；门窗柱体采用塑钢，用一些木栅作装饰；庭院铺青砖或石材，栏杆采用石材与小青瓦拼花，结合混凝土过梁的处理手法，突出了传统的村庄特点（图10）。

2.4 公共空间

村庄公共空间是最具生活气息、充满活力、展现地域文化的场所。一般包含村民进行必要性活动（生产劳动、洗衣等）、自发性活动（交流、休憩等）和社会性活动（赶集、节庆、民俗活动等）的场地。

历史形成的传统的公共空间（主要是宗祠庙宇前广场、集市广场，或以标志性大树、井台、池塘为中心形成的活动场所）首先是保护其良好的物质空间环境，同时需要吸引村民，让生活气息得以延续（图13）。

新建的公共空间需要在场地内配套相关功能性设施或小品，其风貌应符合地方景观特色，并与周边环境的协调（图14）。

2.5 景观小品

现在所指的村庄景观小品包含生产农具如水车、石碾子、风车、犁头等，日常生活器具如水缸、轿子、算盘、烟斗等，以及老井、牌坊、名木古树等一些公共物品。这些小品原来与村民生产生活密切相关，现在大多越来越难以满足现代农村生产生活发展的要求而逐渐退出历史舞台。但它们记载了一定历史时期村庄的科技发展水平、人们生活习俗、文化道德、宗教信仰等信息，成为满足现代人怀旧的最好精神寄托物品。

对于仍然具有使用功能的物件（如水车、风车等），可以让其继续发挥作用，满足村民生产生活的需要。对于已经失去使用价值的物件（如轿子、算盘等）则可以保留收藏，作为装饰点缀或者陈列展览之用。当下有不少特色酒家便是以收集这些村庄景观小品作为特色展示，满足客人恋旧、返璞情结（图15）。

3 村庄特色景观保护的意义

随着我国社会主义新农村建设在某种程度上的“野蛮”进行，很多富有村庄特色的景观包含有形遗产和无形遗产正在迅速消失，所以关注和研究村庄特色景观保护也是非常迫切的事情，且能产生诸多积极意义。

（1）让传统文化基因得以保留并相传。

（2）将特色景观形成的理念运用于新农村建设当中,才可能真正营造出一个充满活力的和谐社会。

（3）村庄特色景观的保护和利用，能创造社会经济效益。

注：文中图片未注明作者的均来自百度图片。

参考文献（References）

[1] 张晋石.村庄景观在风景园林规划与设计中的意义[D].北京林业大学博士论文，2006.

[2] 刘滨谊.中国村庄景观园林初探[J].城市规划汇刊，2000(6)．

[3] 王云才.村庄景观规划设计与村庄可持续发展[D].中国科学院地理科学与资源研究所，2001.

[4] 刘黎明.村庄景观规划的发展历史及其在我国的发展前景[J].农村生态环境，2001 (1).

[5] 欧阳高奇，林鹰. 风景名胜区内新农村建设模式探讨——以北京市为例[J]. 2008中国城市规划年会论文集，大连：大连出版社，2008.

[6] 中国建筑设计研究院村庄景观环境工程技术规程[M]. 中国计划出版社，2011.

上海景源建筑设计事务所

公司简介

美国 LEAD 国际设计是成立于美国的规划设计公司

为进一步开拓中国市场，向客户提供全方位的、高标准的服务，公司于 2001 年与上海景源建筑设计事务所（中国国家建设部核准成立的，具有甲级资质的设计公司）合作，并授权其为 LEAD 在沪的专业公司，聚集了一批北美、日本、新加坡和长期在境外设计公司工作过的海归人员以及具有博士和硕士学位的规划师、建筑师作为业务骨干，由一批富有经验的高级建筑师和高级工程师作为业务总监，并聘请有关著名专家、学者作为公司的咨询顾问，旨在建立既有国际水准又符合本土规范要求的专业设计团队。

公司目前可为客户提供大型综合区的开发规划、城市规划设计、各类风景旅游区规划设计、环境与景观规划设计、住宅区和商业区规划设计、教育园区规划设计，各类建筑设计以及房地产开发策划和咨询、房产营销等方面的全方位专业服务。

在沪的联合公司有博士学位 3 人，硕士学位 9 人，国家一级注册建筑师 5 人，国家注册规划师 4 人，国家一级注册结构工程师 2 人，高级工程师 10 人等 60 余人。

公司主要作品

上海浦东世纪公园和世纪大道的规划设计及世界广场周边改造
青岛市重点项目汇泉湾广场规划和设计
上海浦东荷兰新城景观设计
上海松江珠江新城建筑景观设计
上海证大上海故事建筑设计（2005 年中国房地产及住宅最佳设计方案金奖）
上海祝桥新镇规划设计
苏州工业园区方洲公园（2004 年姑苏杯，金鸡湖杯）
苏州工业园区中塘公园（2005 年姑苏杯，金鸡湖杯）
成都国际总部园区规划设计
中茵皇冠国际社区景观（2004 年“中国房地产最佳豪宅规划楼盘”）
上海地杰国际 E、F 街坊景观设计（2007 年上海园林杯）
绍兴山水人家景观设计
杭州亲亲家园 D 区景观设计
常州金坛紫云湖景区景观设计
上海期货交易所“衍生品”开发中心景观设计

Add：上海市杨浦区荆州路 334 弄 108 号荣广商务中心 1 号楼 102、2 号楼
Tel：021-51807928　51807925　51807926　51807927

天津市北方园林市政工程设计院简介

天津市北方园林市政工程设计院成立于 1993 年，具有国家风景园林工程设计专项甲级资质。作为北方创业集团旗下的子公司，我院依托于集团在市政、园林、房地产开发、投资等领域的强大优势，经过 17 年的积累和发展，现在已成长为一家综合性、专业化的知名景观设计机构。

本院拥有一批高素质、高水平的设计师及相关专业技术人才，设有城市规划、城市景观设计、风景园林、建筑设计、结构设计、电气、给排水、暖通等相关专业。现有职工 40 余人，在职国家注册建筑师 2 人，注册结构师 2 人，高级技术职称的 10 人，中级技术职称的 12 人。本院每年选派技术骨干到国内及国外各城市参观学习，并经常与国内外知名景观设计公司联盟合作，掌握并引进领先的设计新理念、新思路、新方法，不断提高设计人员的技术水平。

景观规划、城市设计、建筑等相关专业的实践经验使我们拥有了一支经验丰富、勇于创新的设计团队，并且为设计师和专业人士提供了一个可以充分展示自己才华的广阔舞台。与中国城市建设和房地产市场共同发展的我们，在丰富实践经验的同时也吸取了不同文化的精髓。每种文化的无穷魅力都激发了我们创作的灵感，使我们力求将色彩斑斓的图纸转化成完美的实景。

每个项目的实施过程中，我们都坚持一贯的专业精神和创新精神，以创造更多优美和舒适的环境作为我们努力的目标。我们拥有一群富于创造性和职业精神的设计师，重大项目的锤炼赋予我们宝贵的经验和信心，让我们更加坚定自己的理念和专业。

在城市环境越来越被重视的今天，拥有强烈责任感和创作激情的我们，始终将服务客户、创造作品作为自己的目标。

北方园林设计院期待与您的合作！

热烈庆祝北方园林乔迁新址！

1 丰厚的经验积累

17 年磨砺，使我院在居住区、城市公园、河道桥梁及各种办公、教育、科研、商业等项目的设计和实施方面积累了宝贵的经验，设计项目并多次获奖。

协调环境与艺术 & 塑造文化与品味……

2 持续不断的技术建设

设置技术管理部门专职从事标准制定、经验积累、专案研发和成果的推广。

3 专业化的专题研究

设置研究组等专案小组针对具体项目和课题进行深度研究。

4 施工图技术标准

施工图的优化性、经济合理性、各专业配合的严谨性、设计的高效性、图纸的规范性、服务的有效性是我们对一流施工图标准的理解。

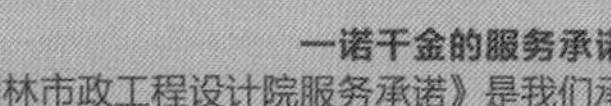

5 一诺千金的服务承诺

《北方园林市政工程设计院服务承诺》是我们承诺给客户的、同合同具有同等效力的服务标准。

6 有效的服务反馈体系

由设计回访、技术回访、经营回访、客户满意度调查、客户投诉通道等多种方式组成服务状况反馈体系，确保我们第一时间内有效地调整自身工作。

7 设计施工一体化的项目总承包体制

成功的设计施工一体化的体制已运用到很多的景观项目当中，一个成功的景观作品 = 优秀的设计师团队 + 一流的施工团体。

17 年对于一个人来说，看不到的是之前的稚嫩与轻浮，此时脸上浮现更多的是成熟与稳重。

17年对于一个企业而言，不仅饱尝了创业时的艰辛也收获了成功时的喜悦。

今天的成就也许不能代表我们的未来，但它必将成为我们创业征途中的又一里程碑。它也将预示着北方园林下一次蜕变的开始，待到化蛹成蝶之时，展示给世人的将是那久久不能忘怀的光彩与美好！

津市北方园林市政工程设计院有限公司
址：天津市东丽区华明工业园华明大道20号 北方园林生态产业园A1栋四层 邮码：300300
话：022-58883666转8075 传真：022-58883612 邮箱：bu@north-vip.com
站：http://www.n-ejla.com/

昆山夏驾河“水之韵”城市文化休闲公园局部景观

地址：上海市普陀区中江路388号国盛中心1号楼3001室
Rm. 3001 Gouson Center Building 1#,
388 ZhongJiang Rd, Putuo District ,Shanghai
邮编：200062
电话：021-6167 7866（总机）
传真：021-6076 2388
E-mail：la@edging.sh.cn（景观规划设计院）
archishow@vip.sina.com（建筑设计研究院）
http://www.edging.sh.cn